小さい農業でしっかり稼ぐ！

兼業農家の教科書

合同会社エースクール
農家・農業塾代表・行政書士
田中康晃

同文舘出版

はじめに

昨今、「農業フェア」など、就農をすすめるためのイベントが全国各地で開催されています。

そこでは、各自治体などが就農相談ブースを出展し就農に関する相談を行ない、国も自治体も農家の減少をなんとかしなければと、新規就農者増加のために躍起になって取り組んでいます。

でも、実際、就農相談に行くと、さまざまなところでこう言われます。

「農業は儲かりません」

次に何を言われるかといえば、

「〇〇という支援制度があるから、これを使いなさい」

「移住者には、こういう補助があります」

「さらに家族連れなら、これ」

「家も用意します」

「ただし、年齢制限あり」……

まるで、携帯電話のキャンペーンの様相です。

確かに、支援はありがたいものですが、

・そもそも「農業は儲からない」と定説のように言われているフレーズ
・「農業を始める＝国や自治体の支援が必須」という暗黙の方程式
・「儲からない農業を（国をあげて）始めなさい」という矛盾

いくら支援制度があるとはいえ、冷静に考えると「地獄への入口」のようにも思えてきます。

そして、ほとんどの支援は長くて5年程度で終了します。もちろん、支援が終わっても誰も責任は負いません。国や自治体からすれば「そういう制度なので」ということなのです。

その結果、「**支援が終わると、あなたの農業も終わる**」ということになります。そうでなければ、支援が終わる5年以内に「**あなた自身で儲かる農業を実現する**」か、「**儲からなくても、爪に火を灯してでも続ける**」しかなくなります。

さらに、支援を受ける場合、設備投資などで日本政策金融公庫（政府系の金融機関）の融資がセットになることが多いので、農業をやめると借金だけが残ることになります。借金だけが残ったとしても、それは**すべて、あなたの自己責任**です。

そして、その支援の財源は「補助金」です。最近の不安定な状況の中、政治が変われば、支援途中でも変更されるかもしれないシロモノです。

さて。そもそも「農業は儲からない」という相談員は、何を根拠に話をしているのでしょうか？

相談員が公務員であれば、おそらく農家ではないでしょう。農業をやめて公務員になったのでしょうか。そんな方は、きっと少数です。だとしたら、何を根拠に「農業は儲からない」と言っているのでしょうか。

農業の統計データ？　人から聞いた話？　うわさ？　疑問が尽きません。

新規就農を希望する側からしたら、**いったい就農を勧められているのか、やめろと言われているのか**、わかりません。

「どうして、農家でもない、農業をやったこともない人たちが、農業は儲からないと言い切れるのか？」

「もし、農業をやっている人だとしても、その方の農業が儲からないだけなのでは？」

「何者なんだ、この人たちは？　そして、農業とは？」

もう疑問だらけです。

「**だったら、農業が本当に儲からないのかどうか、自分が農業をして証明してやる！**」

これが、私が農業を始めた、そして、本書を執筆するに至ったきっかけです。

本書は、私が２０１２年から**約10年かけて「農業で稼ぐ」という本質を追求し続けた、実証実験結果報告書**です。最初のボロボロの状態から、「ある気づき」を経て上昇し、ここ数年でようやく軌道に乗り、**農業のみで年商１０００万円前後を維持**できるようになりました。ある程度、「こうすれば儲かる」というのも見えてきたところです。

はじめに

本書では、まったくのゼロの状態から農業を始めて、年商1000万円まで到達した10年間の過程をつぶさにお伝えしていきます。

もちろん、農業のやり方はひとつではありません。私の農業よりも、もっと素晴らしい農業はたくさんあります。その中で、私は農家出身でもなく、畑違いの業種から脱サラして、「ゼロから新規就農」で、行政書士、農業スクール運営との兼業農家です。こと「**非農家出身**」「**脱サラ**」「**兼業**」で農業を始めようと考えている方にとっては、私の失敗談も含め、きっとお役に立てるものと思います。

ちなみに、本書のタイトルに「小さい農業でしっかり稼ぐ！」とありますが、私の農園の農地面積をお伝えしておきます。

農地の総面積は約80ａ（８０００㎡）です。全国農家の平均が３・１ha（３万１０００㎡）ですから、これでも十分に小さいのですが、実際に年商１０００万円の農業経営に使用しているのは**29ａ（２９００㎡）**ほどしかありません。

これ以外の農地は、兼業の農業スクールや、スクール卒業生の実習、自家用のお米づくりに使用しています。かなりの小規模農家と言えると思います。

●統計データから見る農業の現状

ここで少しだけ、農林水産省が公表している「農林業センサス」という統計データから、農家の年商（年間売上）の分布をご紹介しておきます。もしかすると、少しショッキングに思えるかもしれませんが、農業の実態を垣間見ることができます。

これによると年商50万円未満の農家が一番多く全体の約27％、次いで年商100～300万円で約20％、年商50～100万円が約16％と続きます。これらを合わせると、**年商300万円未満の農家が全体の約63％**にもなっています。過半数をはるかに超える農家が年商300万円未満という事実です。

「いったい、どうやって生活しているの？」という疑問も湧いてきますが、平均年齢67歳という農家の現状からすれば、年金をもらいながら、ボチボチ農業をしている兼業農家が多いのかなとも推測されます。

これで納得してはいけませんが、農業現場にいる私からしたら、確かに「ああ、こんなものかもしれないいな」という妙なリアルさがあり、やるせなさが募ります。

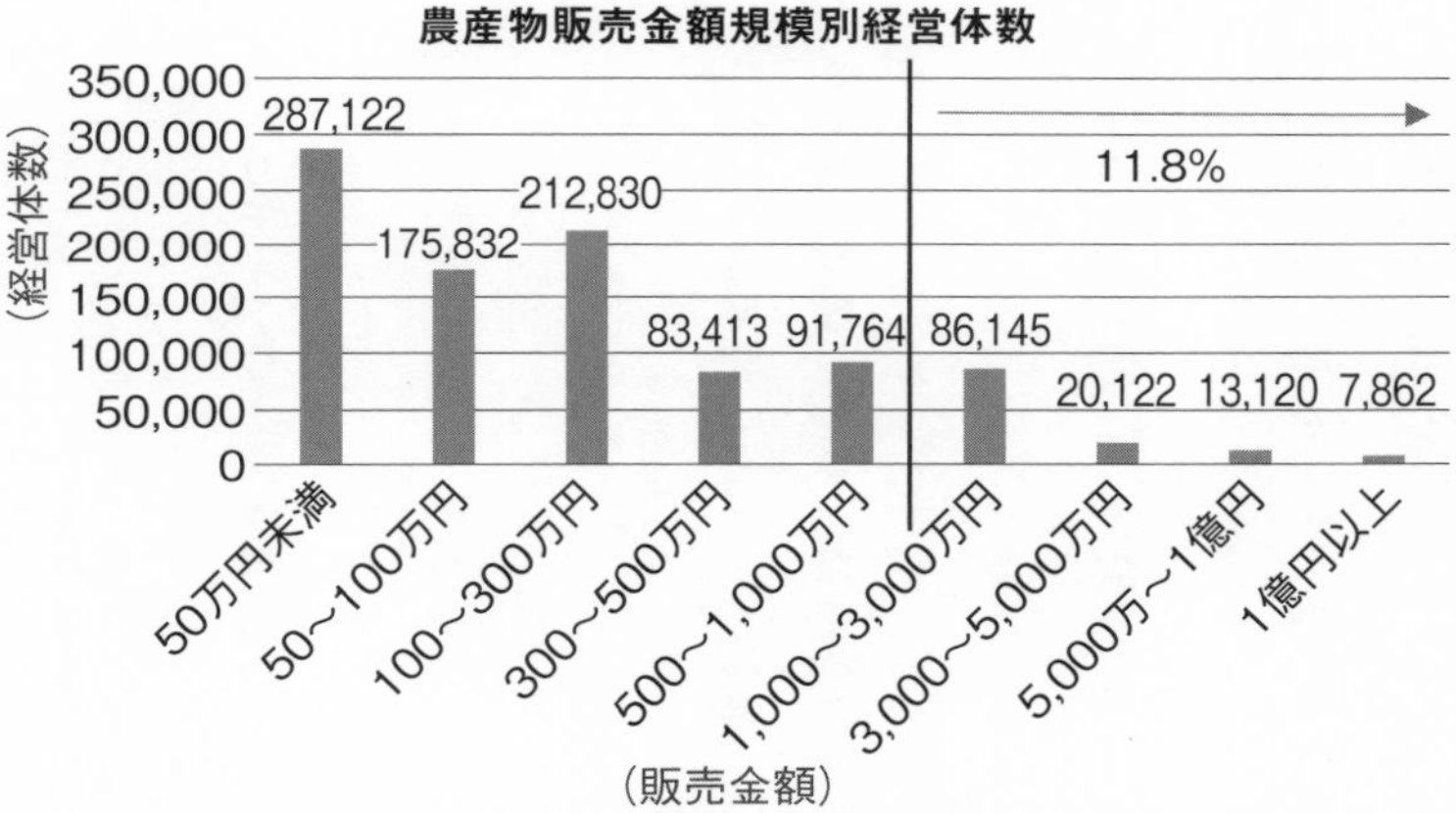

※2020年「農林業センサス」(農林水産省)をもとに作成
https://www.maff.go.jp/j/tokei/census/afc/index.html

本書でひとつの目標としている**年商１０００万円を超える農家は全体の12％程度**しかいません。もちろん、これは統計上なので、実情を正確に表しているかどうかまではわかりません。それでも、現場の肌感覚からして、実態に近い気もします。かなり厳しい世界に感じますが、これが現実です。

逆に言えば、年商１０００万円に到達することができたなら、全国農家の上位12％以内に入ることができます。しかも、本書で紹介する農業のやり方は、兼業でも可能です。というより、**兼業を推奨**しています。専業ならさらにその上を目指せますし、兼業なら兼業分のプラスアルファの収入も期待できます。

本書では、私自身の兼業の仕事内容を通じ、農業と相性が良い兼業、兼業を選ぶときのポイントなどについても触れていきます。

リモートワークが普及した今、農業との兼業の可能性も確実に広がっています。本書は、何千万、何億円と、決して大きく儲けるための方策をお示しできるものではないですが、それでも、農業で稼ぐこと、農業＋兼業を目指す方にとって、ひとつの通過点として、何らかの示唆はご提示できるものと思います。

さらに、より大きな視点から、農家 兼 行政書士だからこそ感じる**農業の大規模化、効率化、自動化、スマート農業、コスパ（コストパフォーマンス）、タイパ（タイムパフォーマンス）ばかりを追求することへの危険性**を指摘したうえで、これらの大きな流れに対する小さな個人農家のとるべき戦略、「**逆バリ農業**」などについてもお伝えしています。

農業の未来は、食卓の未来、その先には日本社会の未来とも密接につながっています。農業の未来を明るくすることは、日本社会の未来を明るくすることにもなると信じています。

本書の最後では、「こうすれば農業の未来は、もっと良くなるのではないか」という**農業現場からの提言**も記しました。農業に興味のある方だけではなく、一般の消費者の方々にも、ぜひ読んでいただきたいと思っています。

農業で稼げるようになり、農業を始める人が増え、やめる人が減り、農業の賑わいや発展、ひいては日本社会の未来に少しでも貢献できたなら、著者としては、この上ない喜びです。これが、本書執筆のピュアな動機です。

●「稼ぐ農業」の目安は年商1000万円

本書をお読みいただく前に、2つほど大事なことをお伝えします。

まず、本書でお伝えする「儲かる農業のやり方」は、決して「ラクして儲ける」とか「兼業で稼ぐ」といった類のものではありません。また、農家レストラン等をはじめとする農業の6次産業で稼ぐというものでもありません。真に「**農業（農作物の栽培・販売）で、しっかり働いて、しっかり稼ぐ**」ことを真正面から追求しています（第2章4節で、6次産業化について少しお伝えしていますが、メインのやり方ではありません）。

次に、「儲かる」「稼ぐ」という言葉は、人によって基準が違うので、本書での定義づけをしておきます。本書でいう「儲かる」「稼ぐ」とは、**農業で普通に生活していけるレベル、**

具体的には年商1000万円程度としています。

私の農業経営の場合、パートナーとの2人農業で年商1000万円程度です。ちなみに、経費でいうと人件費が一番大きいのですが、それも私とパートナーの2人＋季節パートさん数名の体制なので、それほど多くはありませんし、私の推奨する逆バリ農業では、結果的に経費も抑えることができます（第3章4節で詳しく解説します）。

また、私は先にお話ししたように兼業ですが、**この数字には兼業部分の売上は含みません**。純粋に農業のみの売上です。専業ならば、十分にもっと上を目指すことができます。

とはいえ、私が運営している農業スクールに通う生徒さんの多くは、「農業で普通に生活していければいい」と考えています。また、はじめから兼業スタイルを目指す方も増えています。やみくもに売上を追求して、働きすぎてボロボロになったり、人間関係がギスギスしたり、農地を痛めたりするのは、持続可能が叫ばれる今の時代にはマッチしないのかなとも感じます。1人農業なら、年商500万円くらいでも、ひとつの目安にはなるでしょう。

それでは、始めます。

小さい農業でしっかり稼ぐ！　兼業農家の教科書　目次

第2章 ゼロからスタートで農業年商1000万円になった! 私の就農ストーリー

第3章 小さい農業でしっかり稼ぐ実践ノウハウ

1 起業マインドと体制づくり 104

第4章 しっかり稼いで長く続ける兼業ノウハウ

第5章 農業の未来のために伝えたいこと

■装幀　藤塚尚子(e to kumi)　■本文DTP　株式会社RUHIA

第1章

新規就農者が進むべき「逆バリ農業」のすすめ

1 新規就農者を取り巻く現状を知ろう

1．農家数が減り、大規模化・法人化に突き進む現在の農業

農林水産省が5年に一度行なう大規模な統計調査に「**農林業センサス**」というものがあります。直近では2020年（令和2年）の調査結果が農林水産省のホームページ上で公表されています。

これによると、**令和2年の農業経営体数は107万6000**。10年前（平成22年）に比

農業経営体数

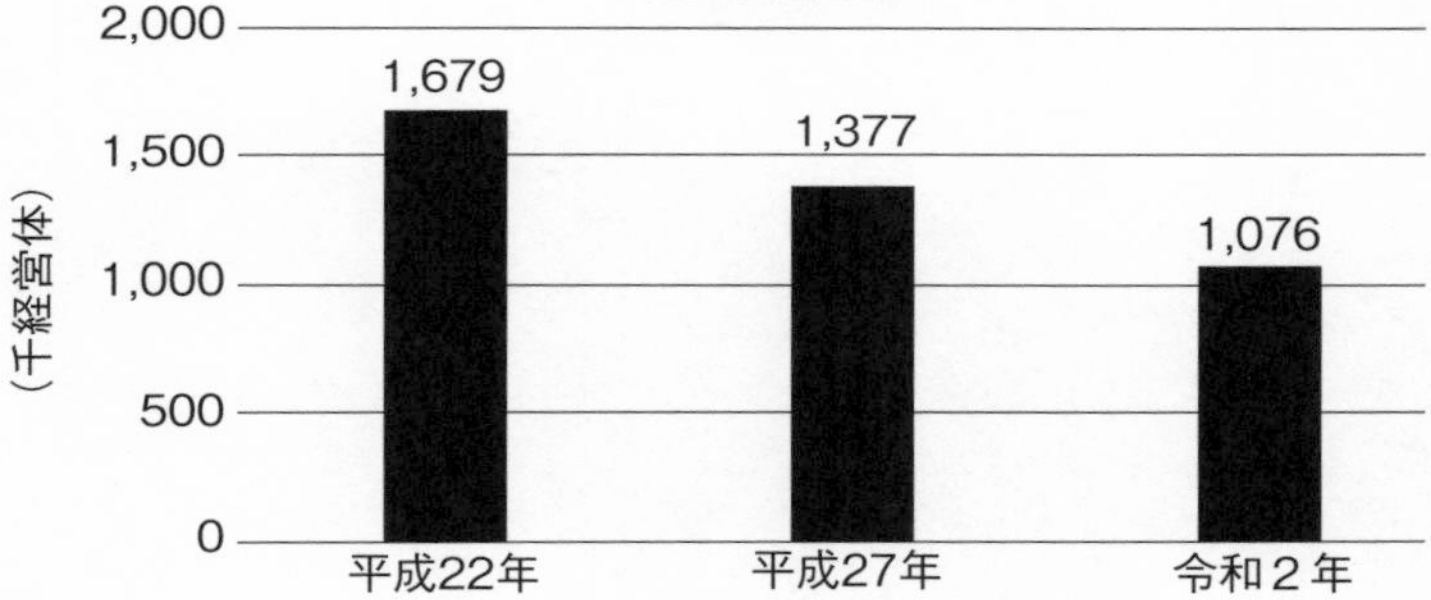

法人化している農業経営対数（全国）

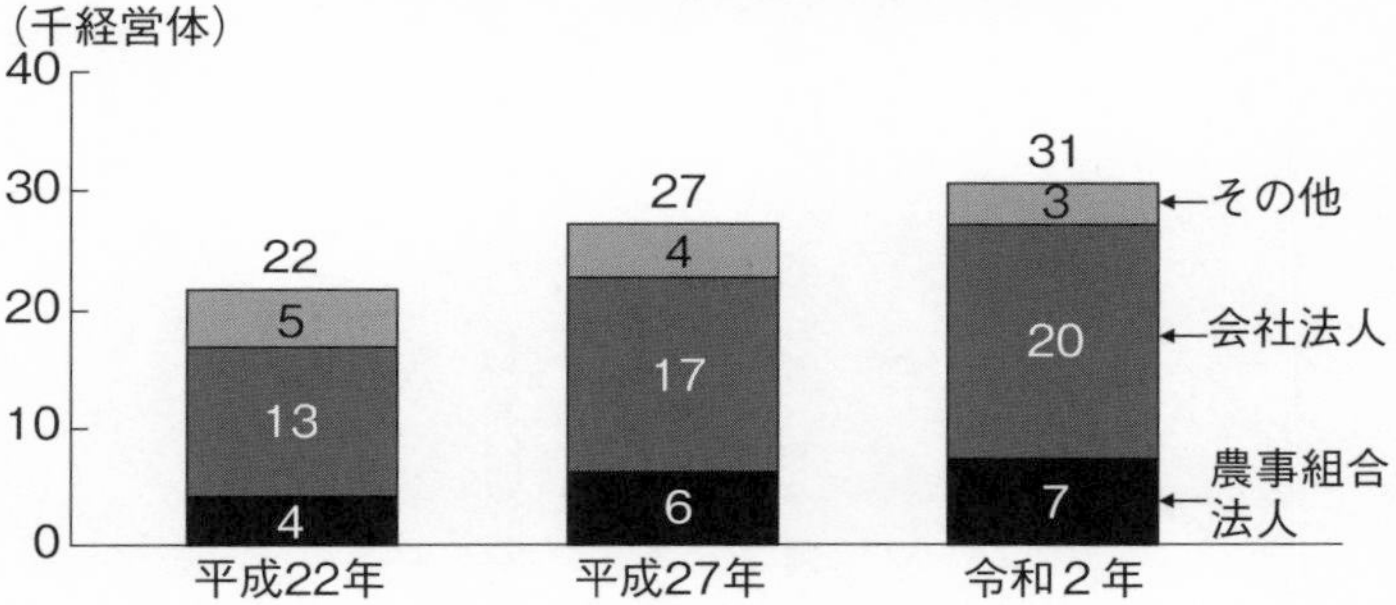

１農業経営体あたりの経営耕地面積の状況（全国）

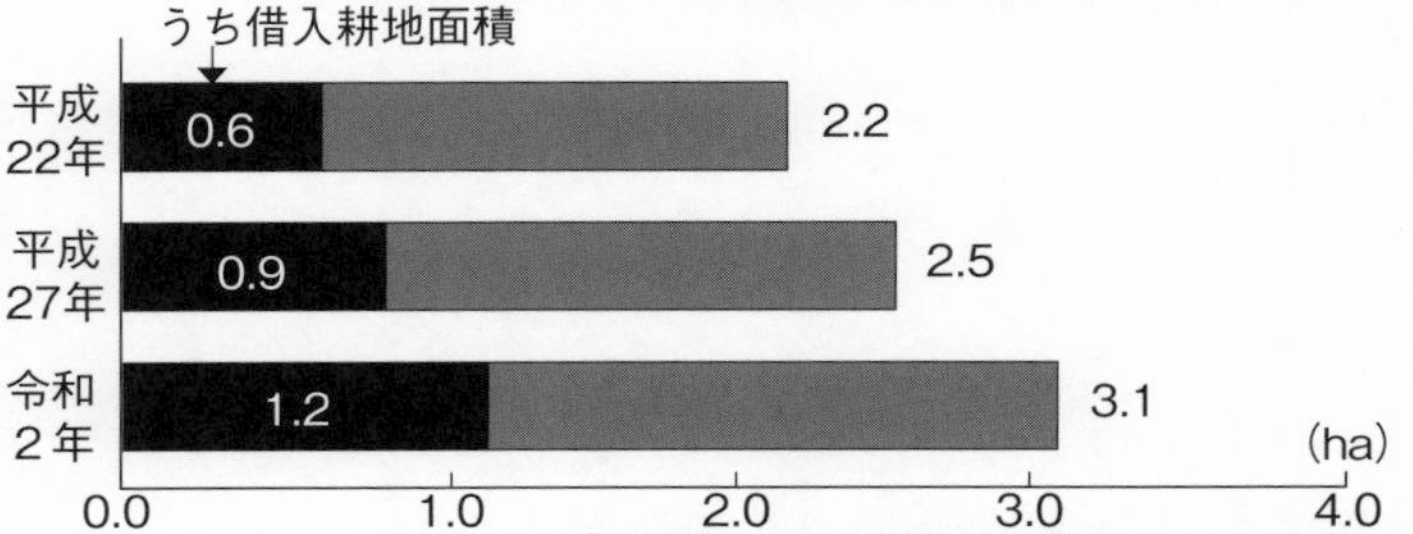

※2020年「農林業センサス」（農林水産省）をもとに作成
https://www.maff.go.jp/j/tokei/census/afc/index.html

べ、**60万3000経営体も減少**しています。一方、法人が増え、1経営体あたりの耕作農地の面積も増えていることがわかります。

確かに実際、農業をしていると、これをひしひしと感じます。最近、私の農園がある神戸市西区の近くにも大規模農業法人が農業を開始しました。また、周辺でも多くの農家が高齢化で農業ができなくなり、営農組合などにお米作りを委託して、なんとか耕作放棄を防いでいるのが現状です。ただ、請け負う営農組合もすでにパンク状態で、かつ高齢化も進んでいるといいますから、結構、深刻です。

お付き合いのある農機具屋さんと話をしても、「何十町（ha）も稲作している営農組合の○○さんも、もう高齢。いなくなったら、この地域は終わりだね」「他にもこんな地域がいっぱいあるよ」という話題ばかり。

この辺はやはりセンサスにも表れていて、左ページ図で農業従事者の年齢を見ると、**65歳以上が全体のほぼ7割**にもなっています。しかも70～74歳の割合が最も多いのですから、愕然とします。もし、5年後、このまま推移して80～84歳の割合が最も多かったとしたら、

年齢別基幹的農業従事者数(個人経営体)の構成(全国)

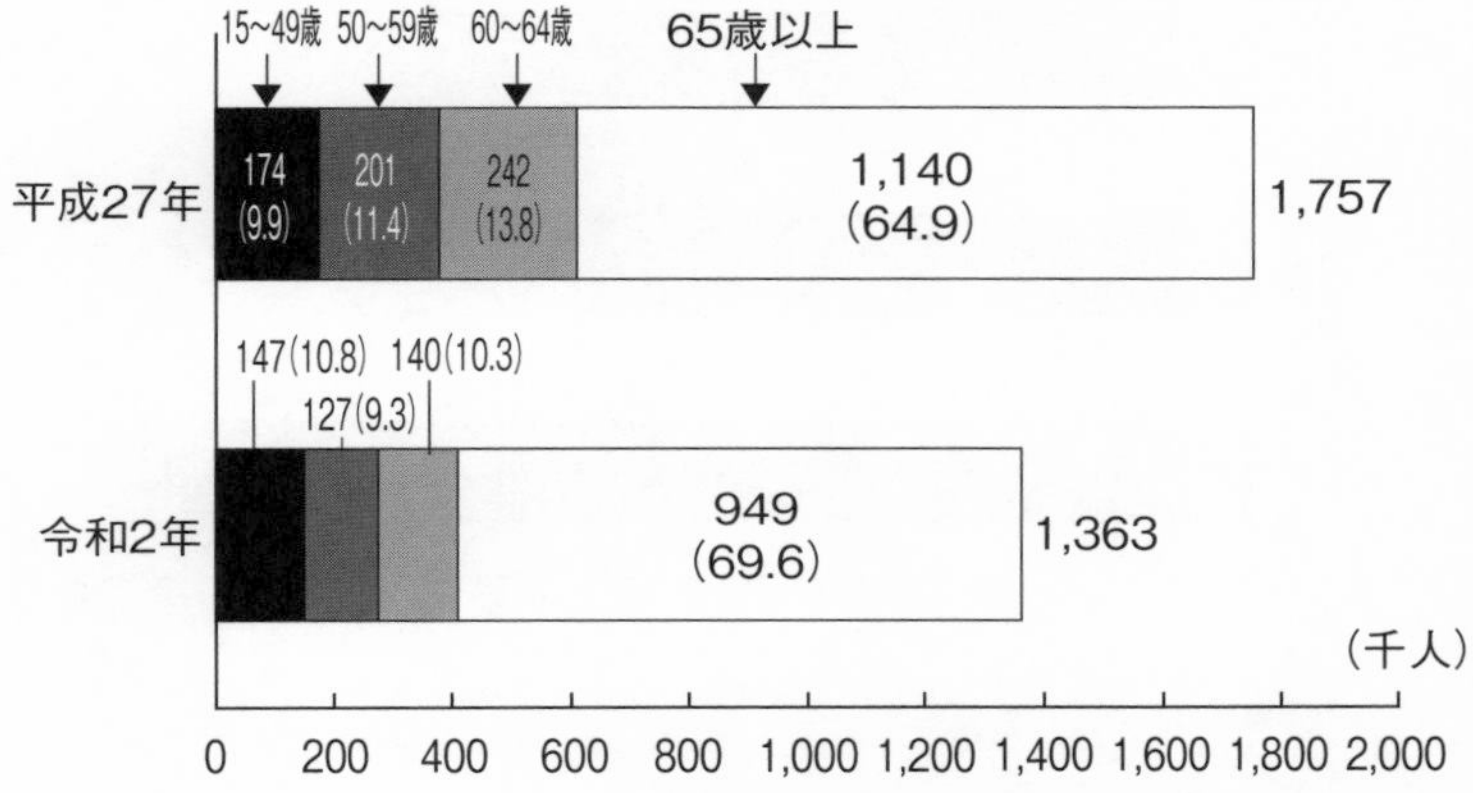

注:( )内の数値は、基幹的農業従事者に占める割合(%)

基幹的農業従事者(個人経営体)の推移(全国)

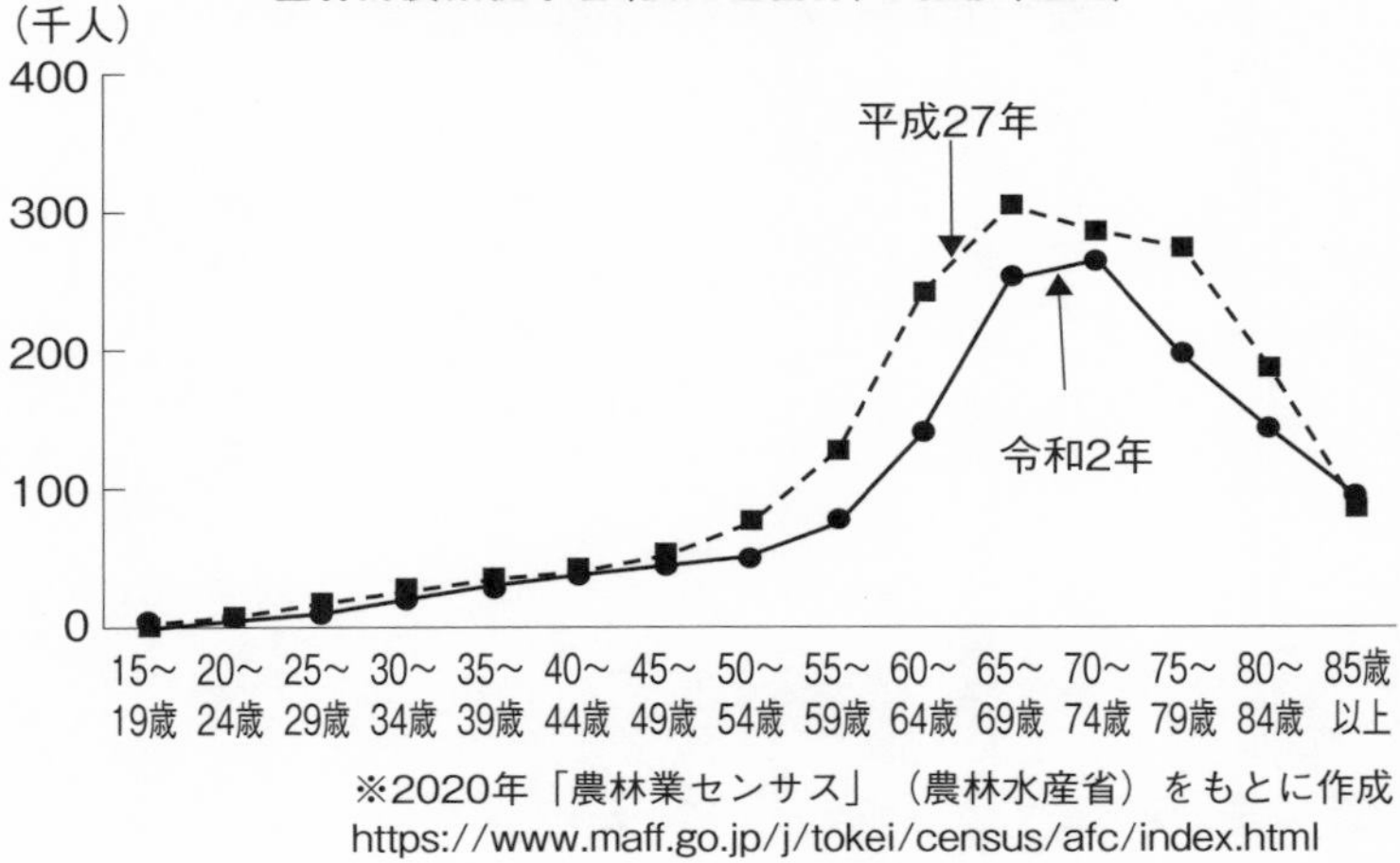

※2020年「農林業センサス」(農林水産省)をもとに作成
https://www.maff.go.jp/j/tokei/census/afc/index.html

農産物販売金額1位の部門別農業経営体数の構成割合（全国）

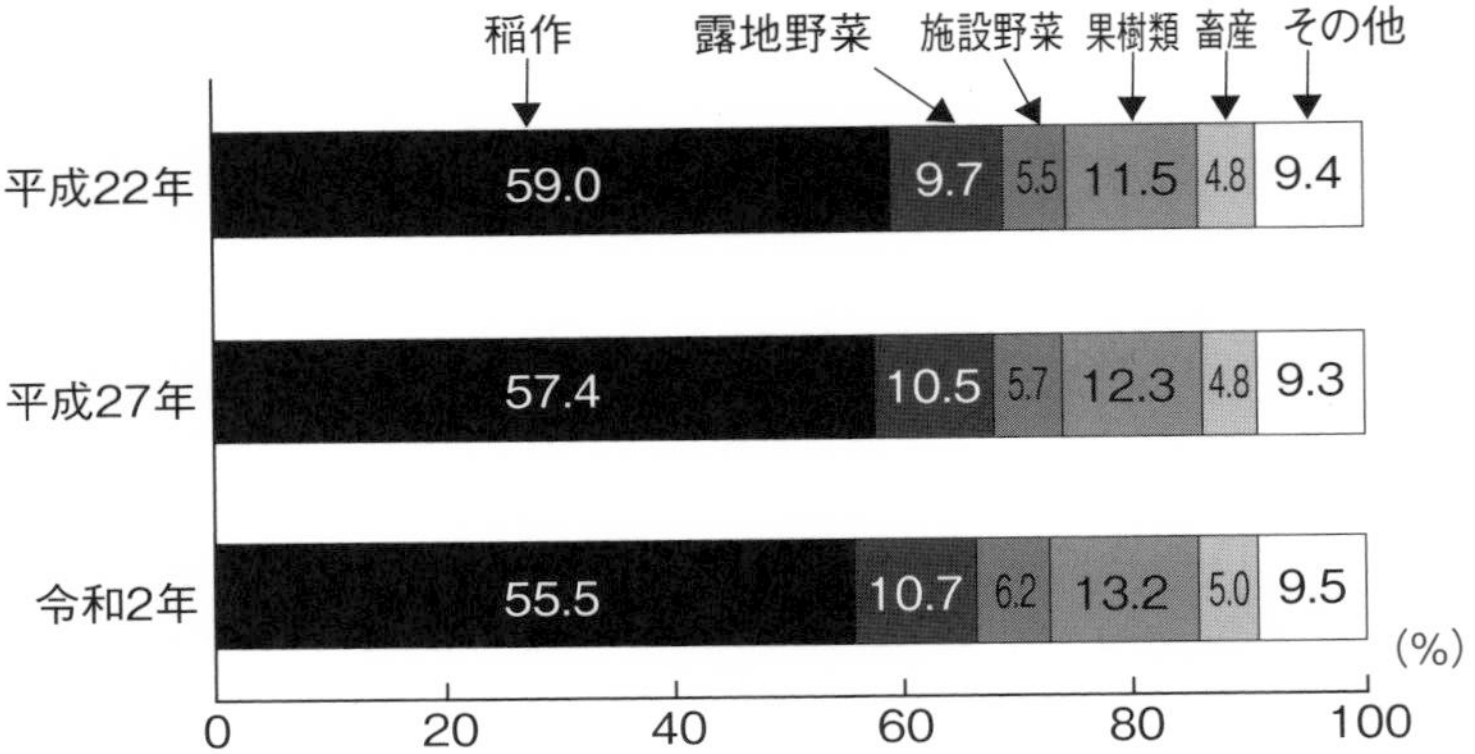

※2020年「農林業センサス」（農林水産省）をもとに作成
https://www.maff.go.jp/j/tokei/census/afc/index.html

それはそれで元気な高齢者が多くて悪いことではないかもしれませんが、間違いなく体力は落ちますし、農業ができる範囲も狭くなるのは間違いないでしょう。

次に、上図は栽培作物についてのデータですが、割合は少し減ってきているものの稲作が55％と一番多いのは変わりません。これは経営体数の構成割合なので、1つの経営体が稲作の規模を広げているのだと思います。

稲作は野菜や果樹に比べると、**機械さえあれば規模を拡大しやすい**ので、今後、ますます稲作の大規模化は進むものと思います。というか、進まざるを得ないのだと思います。

これらを見ていると、やはり**今後、一農業経**

主副業別農業経営体数（個人経営体）（全国）

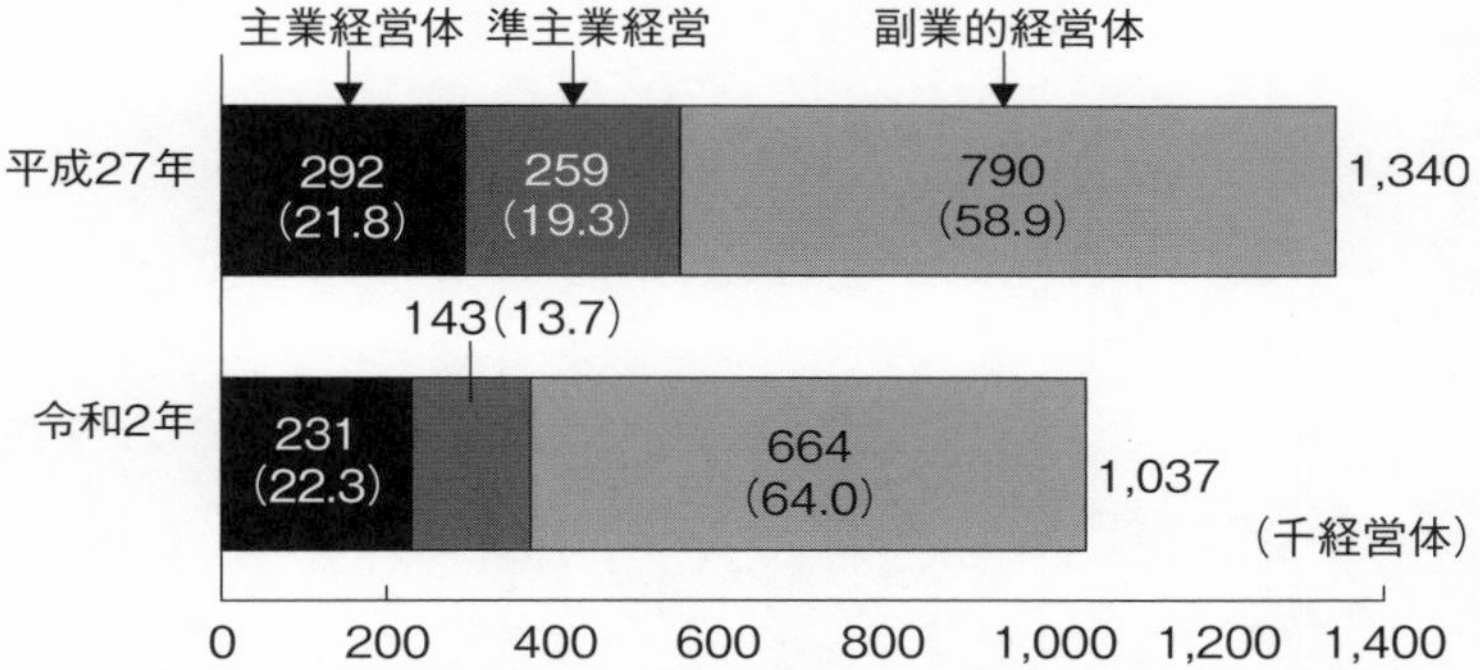

注:( )内の数値は、個人経営体数に占める割合(%)

※2020年「農林業センサス」(農林水産省)をもとに作成
https://www.maff.go.jp/j/tokei/census/afc/index.htm

営体の大規模化・法人化、農地の集約化が進むのは間違いないと思います。

●新規就農者が桁違いに少ない

上図は、専業（主業）と兼業（副業）の割合です。以前より、**兼業が6割近くで、専業が2割程度**というのは変わりません。これが、日本の農業の形なのかもしれません。

おそらく、普段は会社勤めなどして、週末や休日にだけ田んぼに出てお米を作るという稲作兼業農家が多いのだと思います。

新規就農者（雇用を除く）数の推移も見ておきます（次ページ上図）。およそ年間4万人前後で推移しつつも、徐々に少なくなってきてい

新規自営農業就農者（新規就農者）数の推移

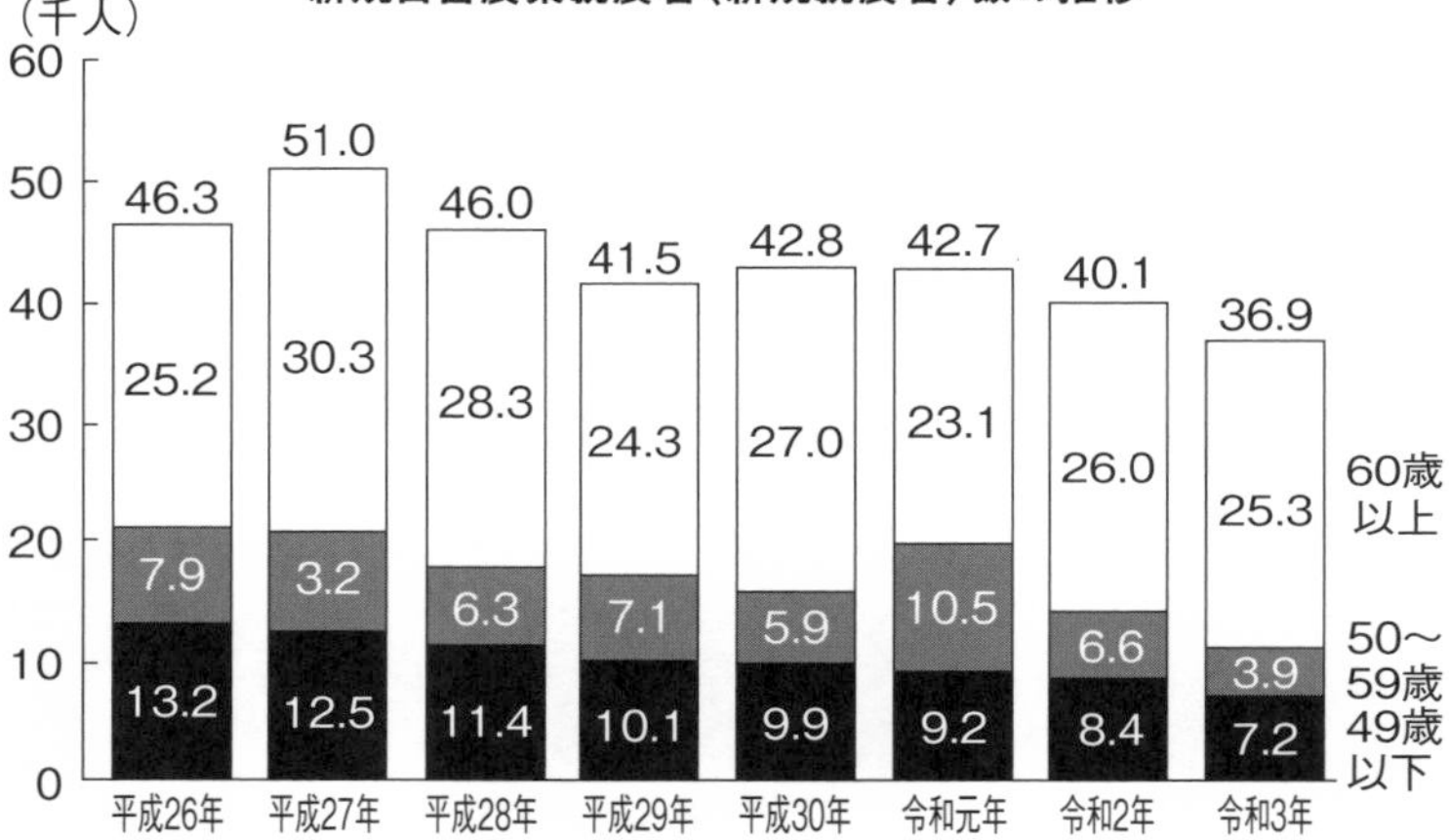

資料:農林水産省統計部『新規就農調査』

新規参入者数の推移

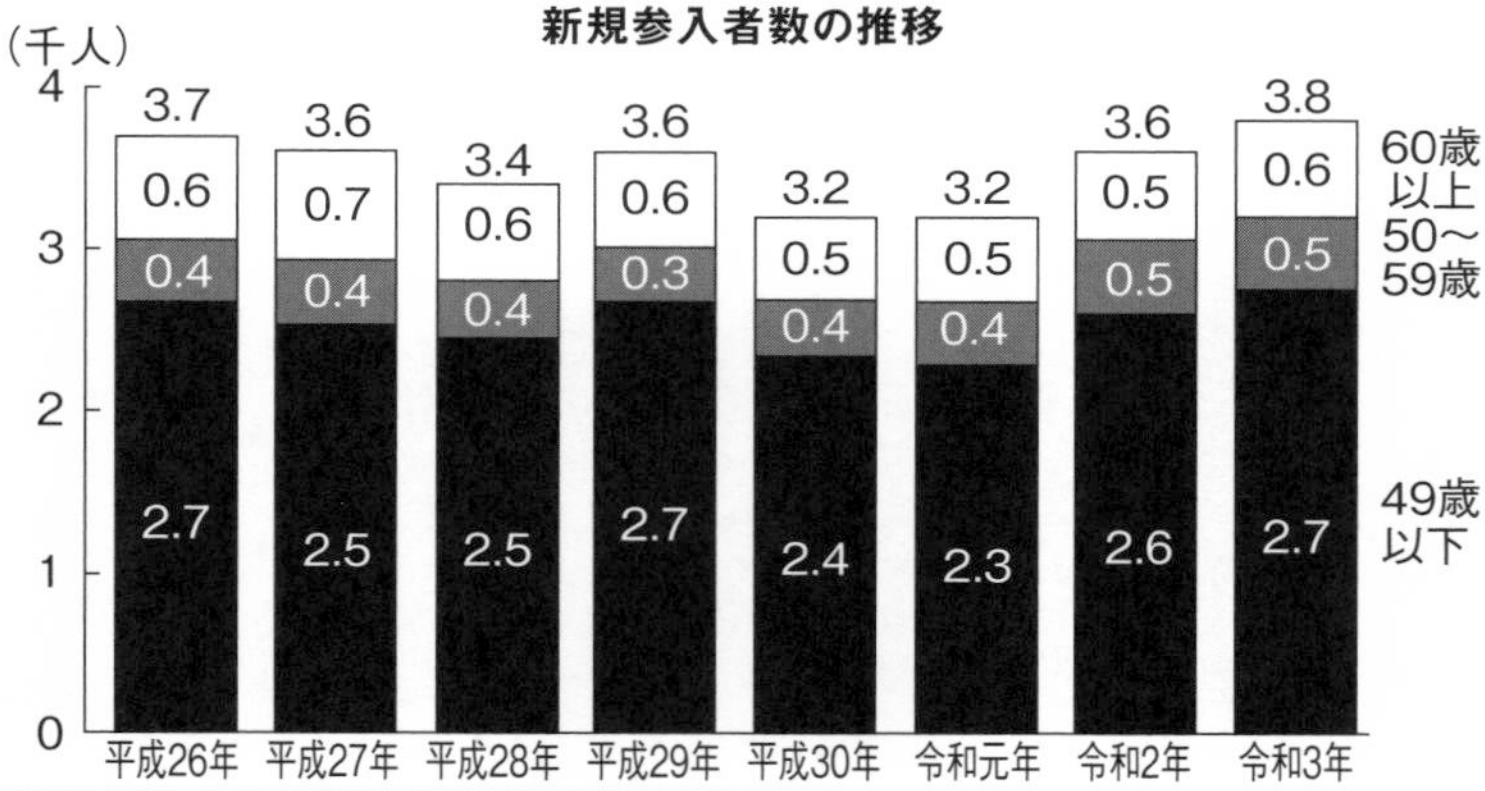

資料:農林水産省統計部『新規就農調査』

※2020年「農林業センサス」（農林水産省）をもとに作成
https://www.maff.go.jp/j/tokei/census/afc/index.html

農産物販売金額1位の出荷先別農業経営体数の構成割合（全国）

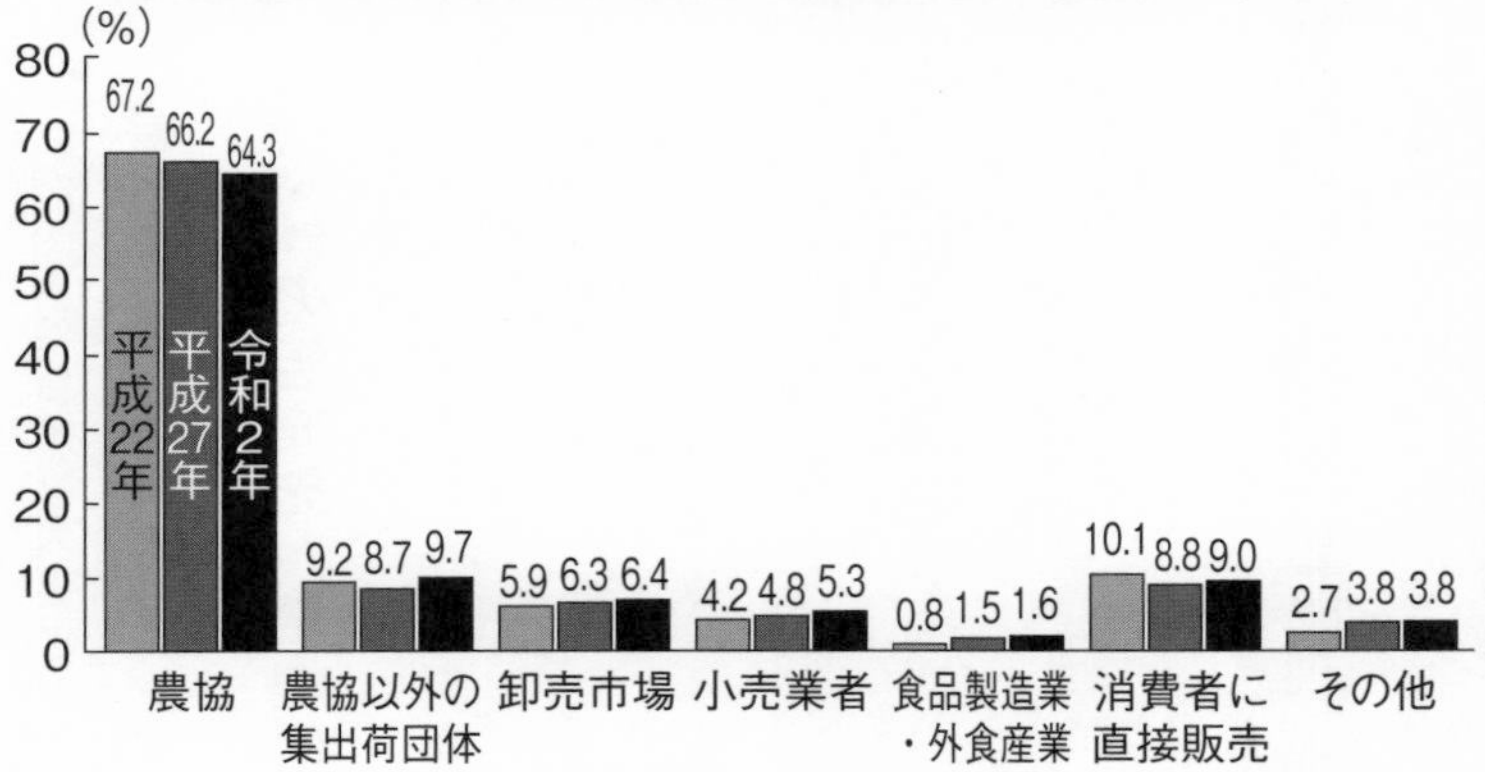

※2020年「農林業センサス」（農林水産省）をもとに作成
https://www.maff.go.jp/j/tokei/census/afc/index.html

るのがわかります。しかも、**就農時、すでに60歳以上の方が7割近く**になっており、高齢化が進んでいます。これはおそらく、定年退職後に親の農業を引き継ぐ方が多いのだと思います。

ちなみに、新規就農者には親元を引き継ぐ方も含まれていて、**非農家でゼロから新規就農した人（新規参入者）の数は、わずか３８００人（令和３年）**しかいません（前ページ下図）。新規就農者全体の10％程度です。

最初にご紹介した農業経営体数の推移で、10年間で60万以上減っているのを確認しました。単純計算で６万経営体／年程度の減少です。対して、純粋に外部からの新規参入者の数は３０００～４０００人／年程度しかいません。

これに法人の新規参入を加えたとしても、３００～４００／年程度なので、**減少数に対して新規参入数は、桁違いに少ない**のがわかります。

●農協以外の販売先が増加傾向

最後に、前ページ図は販売先に関するデータになります。

最も多いのは農協ですが、わずかながら農協は減りつつあり、他の販売先が増えてきているのかなとも思います。

2. 農業の未来予想

いかがだったでしょうか。統計データをご紹介してきましたが、私の農業現場での実感ともかなり近いものを感じます。

農家の高齢化、農業経営体の減少はすさまじい勢いで進んでいます。一方で、農地の集約化、一農家（農業経営体）の規模拡大も進んでいます。今後も高齢化とともに、その傾向がますます進むのはまず間違いありません。

ところで、**農業がこのままのトレンドでいくと、どういう未来になると思いますか？**

もしかしたら、農業が大規模になり、企業的に効率化され、農家（農業法人）の収益も上がり、雇用も増え、なんなら海外に輸出して、いいこと尽くめの明るい未来のようにも思えるかもしれません。この手のストーリーは、国や自治体からも、農政に関する書籍などからも、よく見聞きします。

確かに一面では、そうかもしれません。

でも、本当の真実を知るには、その裏面も知っておかなければなりません。

どういうことかというと、**大規模化・効率化できない農業は日本からなくなる**ということです。大規模化・効率化するためには、機械化や自動化が必要になります。言い換えれば、**機械化・自動化できない農業は日本からなくなる**ということでもあります。

●本当においしい作物は機械化できない

今、スーパーに行くと、メロン、ブドウ、りんご、トマト、私も栽培するいちじく、いちごなど、バリエーション豊かな作物があり、さらに同じ作物でもたくさんの品種が並んでいます。

いちごだと紅ほっぺ、あまおう、おいCベリー、章姫など、ブドウだと人気のシャインマスカット、藤稔、瀬戸ジャイアンツなど、非常にたくさんの種類があります。バラエティー豊かで、そして、おいしいですよね。

本当においしいものには、心が揺さぶられ、感動まで生まれます。でも、**そうした野菜やフルーツは大抵、機械化・自動化には適しません**。

いちごの収穫機械などの開発も耳にはしますが、本当においしいものを作ろうとしたとき、やはり人間の手や感性にかなうものはないのです。

3. 個人農家の生きる道は「逆バリ農業」しかない！

農家の高齢化による農地の集約化・規模拡大・効率化・法人化のトレンドが、今後も続くことは、まず間違いありません。このままいくと、将来、**農業の巨大企業も生まれるかもしれません。**

「このトレンドに乗って、大規模農業で効率を追求して、巨大農業法人になるぞ！」というのなら、それもいいでしょう。農地も空いてきますから、規模拡大はしやすくなるはずです。

ただ、この農業のやり方は、**最終的には資本力勝負**になるはずです。

大規模化するには、どうしても機械化や自動化が必須になります。全国の農業の50％以上を占める稲作は機械化が最も進んでいると言われていますが、規模拡大するには、トラクターもコンバインも大型のものでなければ、日が暮れてしまいます。

そして、機械化・自動化・効率化によって大量に生産することになります。すると、価格競争が始まり、ライバルに負けないように、さらに効率化を追求していきます。そのための機械や設備は、最新のものをどんどん入れていかなければなりません。

このように、最終的に大規模農業の行き着くところは資本力勝負というわけです。

●個人の新規就農者が農業で稼いでいく唯一の方法

では、お金もない、機械もない、資本もない、小さな個人が新規就農するには、どこを目指すべきでしょうか？

本書では、**機械化、自動化、効率化が難しい農業＝トレンドとは真逆の「逆バリ農業」**をおすすめしています。

前述したように、今後間違いなく、機械化・自動化・効率化が難しい農作物は少なくなります。場合によっては、なくなります。ということは、需要と供給のバランスでいけば、供給が圧倒的に少なくなるのは必然です。

だから、ここを狙うのです。

これらの農作物を作るには、高価な機械や最新の設備はいりません。必要なのは、**栽培技術であり、その技術を生かすための販売戦略**になります。

機械化できないからオンリーワンになりやすく、その分、価値（価格）を上げることが可能です。数量よりも品質（おいしさ）を追求することで、私のように**兼業でも年商1000万円**に到達することもできます。

しかも、あとでお話ししますが、徹底的においしさを追求することで、結果的に肥料代、農薬代といった生産コストも下がります。小規模で高収益を上げていくスタイルなので、人手も少なくて済むし、労働も減ります。兼業との相性が良いスタイルなのです。

そしてもうひとつ、新規就農を目指す方にはなかなか見えにくいのですが、農業は作物の栽培管理だけではなく、作物がないところや畔《あぜ》の草刈り、水路の泥上げなどの**売上に直結しない作業**が本当にたくさんあります。

小規模だと、これらの作業も少なくなるので、これも大きなメリットになります。

さらには、こういう個人農家が増えれば、自分自身の稼ぎになるだけでなく、農作物のバリエーションも豊かになり、その結果、豊かな売り場（食卓）になります。しかも、無理に量を追求しませんから、土も痛めません。さらに技術を継いでいけば、将来世代の食卓の豊かさも維持できます。

まさに**持続可能な三方よしの農業**です。小さな個人が新規就農するには、これしかないと思っています。

2 「儲かる農業」を実現する

——ゼロから農業を始めた私の話

1．脱サラして、農業専門行政書士になる

ここまで、個人農家がしっかり稼ぐためには、大規模農業とは真逆の農業スタイルを目指すべきだとお伝えしてきました。次章からは、その「逆バリ農業」のノウハウについて具体的に解説していきますが、その前に、そもそも私がなぜ農業を始めるに至ったのかをお話ししたいと思います。

私は農家出身ではありません。親も親戚も農家ではなく、ごくごく平凡なサラリーマン家庭で育ちました。

大学は一浪の末、東京都内の私立大学に入学、法学部で法律（商法）を専攻。といっても、学生時代は特に勉強に精を出すこともなく、ただ卒業に最低限必要な単位をもらうために試験前だけ詰め込んでいたような、不真面目な大学生でした。

当時はバブルが弾けて就職氷河期の入口にさしかかろうとしていた時代。大学4年生になると、周りの多くの学生と同じく、私も就職活動をしましたが、法律の知識が身についているわけでもなく、順調に進むわけがありません。就職活動では10数社は受けたと思いますが、ことごとく落ちました。

かろうじて、一社から運よく内定をいただくことができ、就職浪人は逃れました。

その後、入社したものの、私には特別な専門知識はなく、そもそも人と話をするのが苦手ときています。総合職で営業に配属されましたが、使い道のない、どうしようもない新人で散々なスタートを切りました。会社にもずいぶんと迷惑をかけたと思います。

それでも、頑張って10年続けました。職場の仲間はみな親切で、楽しいこともありましたが、この10年間、「本当にやりたいことって何だろう?」「自分に適した仕事って何だろう?」と、ずっと悩み続けていました。

「次は、心の底から、これがやりたいと思える仕事をしたい」

そんなある日、当時、暮らしていた近所に市民農園がオープンするという看板。それでピンときて、立ち寄って話をしたところ、すぐに導かれるように申し込みをしていました。これが、私の農業への入口です。何もかもが楽しくて、「農業したいな」と思うようになっていました。

その後、農業専門行政書士、農業スクール、農業経営へと邁進することになります。

●全国初? 農業専門行政書士の誕生

ちょうど入社10年になる2006年に退職したのですが、実は、2001年頃より、仕事を続けながら行政書士試験の勉強をしていました。そして、なんとか行政書士の資格を取得できたのも、退職理由のひとつでした。

仕事を続けながらの勉強はハードな生活ではありましたが、知らない知識や新しい世界を知る楽しさもありました。それよりも続けられたのは、後述する「悔しさ」があったからでした。「自分を変えなければ、この先の未来はない」と考えるくらい、思いを込めていたのです。

そして、２００６年の３月。まず始めたのは、農業専門行政書士として、脱サラして始めた一人事務所です。

なぜ、農家ではなく農業専門行政書士を始めたのかといえば、農業を始めたいと思って足を運んだ農業フェア（就農相談や情報提供などを行なうイベント）がきっかけでした。「はじめに」でもお伝えしましたが、「**農業は儲からない**」と言われ、「やめておきなさい」「無理です」と続けられたのが、すごく悔しかったからです。

さらに、「農地はありますか？」と聞かれ、「ないです」と答えると、「農地を見つけてから来てください」と言われます。いやいや、農地がないから相談に来ているのに、これではまったく何も進みません。

当時は「**私の生きる道は農業だ！**」と意気揚々と挑んでいて、何なら「ここで農業しませんか？」などと誘われるのかなと思っていたほどでしたから、そのときの私にとって「農業は、無理です」と言われたときの落胆はものすごかったです。その頃は国や自治体による支援策などもありませんから、まさに門前払いでした。

その後も、なんとかきっかけをつかみたくて、自治体が主催する「農家見学ツアー」や、NPOの農作業ボランティアにも参加したりしましたが、結局、就農につながる糸口は見つけることはできませんでした。当時はやはり、非農家出身でゼロから農業を始めるのには、かなり高い壁がありました。

それでも農業への思いはあきらめきれず、「それじゃあ、農業を始める方法を自分で見つけてやる！」と夢中になって挑戦したのが、行政書士という資格です。「農業を始めるルール（農地法などの法律）があるということを知る」→「農地法を扱うのは行政書士ということもわかる」→「法律の勉強」「資格取得」→「農業専門行政書士」という流れで考えてのことでした。

●チャレンジしたくても就農できない人たちをサポート

　普通、行政書士といえば、よろず相談的な事務所が大半で、相続の相談を受けたり、ビザの取得をしたり、補助金の申請をしたり、自動車の登録をしたり、建設業や飲食店など何らかの事業を始めるときの許認可を申請したりするのが、ごく一般的です。なかには扱う業務を絞って専門特化する事務所もありましたが、その場合でも、ほとんどが相続関係で、農業を専門にするようなところは、私の調べた限りではゼロでした。

　それはそうです。**農業分野は稼げそうにない**のですから。

　それでも当時の私は、農業に関わるために行政書士になったので、農業以外は考えていません。また、私なりに勝機も見出していました。それは、自身の悔しい経験からゼロから農業を始めるのは難しいというのを知っていて、そのうえで、**農業のスタートを法律手続上サポートできるのは行政書士だけ**ということがわかったからです。難しいからこそ需要はあるし、価値があるし、お金にもなると信じていました。

「きっと自分と同じ悔しい思いをしている人は全国にたくさんいるはず」

「まずは自分が行政書士になって、このような方をサポートする」

「絶対にいける！」と確信して、**全国初（？）の農業専門行政書士**を始めました。

脱サラして、もうあとに引けませんし、生活がかかっています。稼げなければ、それこそ住む家もなくなるという必死の覚悟です。だから最初は、まさに〝必死〟に農業関連の法律、ルールを読み漁りました。分厚い法令専門書、農地六法、書店で農業関係の書籍を見つけたら、手あたりしだいに読んでいました。そのおかげで、農業の法律・ルールに関してはずいぶんと詳しくなることができました。

２００６年３月に開業して、すぐにホームページを立ち上げて、そこに法律・ルールの知識を詰め込みました。その後、忘れもしない５月のゴールデンウィーク明けに早速、最初の相談をいただくことができました。

「農業を始めたいのだけど、役所で門前払いされてしまいます」

やはり、私と同じような思いをしている方がいたのです。

その後も「何年もチャレンジしているけど、就農できない」という相談が全国各地から寄せられました。当時はまだインターネットが今ほど普及していませんでしたから、「農業、農業法人設立、農業参入、新規就農、サポート」などのキーワードで、特に広告をしなくても、かなりのアクセスを得ることができ、しかも、私のような事務所は全国的にも皆無でしたから、開業後、一気にお仕事をいただくことができました。

私の地元関西をはじめ、関東、東北、九州、四国、北海道、伊豆大島まで、本当にさまざまなところで支援させていただきました。念願の就農を実現したお客さんから、涙を流して喜ばれたこともありました。

「ああ、間違ってなかった。やっていてよかったな」

そう思いました。

企業の農業参入や就農のお手伝いをしたり、遠方のお客さんをサポートするために、同業者を募って全国組織を作ったり、農地法の法律書を執筆したり、大勢の聴衆のもと、農業フェアで講演をしたり、本当に、たくさんの仕事や経験をさせていただくことができました。やはり、私と同じく、悔しい思いをしている人もたくさんいました。

当時は、就農者が増えないのは「**法律の壁が大きいからだ**」と思い、その壁を少しでも低くするための手助けができれば、大好きな農業の発展にもつながると信じていました。

また、「はじめに」でお伝えした農業フェアの相談員。実は、この頃、農業専門行政書士という立場で、私もずいぶんやっていました。「こうすれば就農できます！」と、意気揚々と話をしていた記憶があります。

2. 農業は本当に儲からないのか？

当時も、大好きな農業が「儲からない」ということが悔しくて、いろいろな農場や施設を巡ったり、農家さんの話を聞いたりして、少しでも儲かる農業がないか探し歩き、いくらかでも良さそうな農業が見つかれば、それを営農計画（事業計画）という数字に落とし込み、農業を始めたいという方がいれば、それらを紹介していました。

ところで、基本的に**営農計画は「販売単価×販売数量」の単純計算**で、大まかな売上数字は出てきます。

例えば、いちじく10ａ（１０００㎡）あたり４ｔの収穫が見込めるとします。１kgあたり４５０円で販売すると、４５０円×４ｔ（４０００kg）＝１８０万円の売上になります（おおむね兵庫県の経営指標上の数字）。

仮に、その単価が６３０円になると売上は２５２万円になります。ちなみに、６３０円でもお店に並ぶいちじくより、かなり安い価格です（１パックおよそ５００ｇですから、１kgは約２パック分。２パック６３０円＝１パック３１５円程度）。

さらに、栽培面積を40ａ（４０００㎡）で想定すると、２５２万円×４＝売上１０００万８０００円と、売上１０００万円を超えてきます。指標上、労働時間は４００ｈ／10ａ程度なので、１６００ｈ／40ａになり、机上計算では一人農業でも成り立ちます（実際は絶対に無理です。私なら倒れます）。

また、いちじくは大きな設備投資は必要なく、暖房も不要なので、人件費以外の経費はさほどかかりません。後述しますが、私の栽培方法では、肥料は使っても基準の１／10以下、農薬もあまり使いませんので、経費らしい経費は、パック代とアルバイトの方の人件費くらいです。

ちなみに、単価が1800円／kgだと10ａあたり720万円。40ａとしたら2880万円にまで化けます（この単価は私の農園での販売価格です。栽培面積はこれより少なく、収量もこんなに採れないので、トータルの売上数字は異なります）。

このように、計算上は十分⁉　に儲かります。

「農業、儲かるじゃないか……」

でも、読者の皆さまは、おわかりだと思います。実際、この数字は、机上の空論でしかありません。

●知ったかぶりの嫌な農業コンサルタントでしかなかった

・本当にこの価格ですべて販売できるものなのか？
・本当にこの収穫量をあげることはできるのか？
・労働時間は成り立つというけど、作業はどのくらいハードなのか？　暑いのか、寒いのか？　体力はもつのか？

・気象災害、病害虫は大丈夫なのか？
・そもそも売れるものを作れるのか？……

変動要因はいくらでもあります。特に自然相手の農業ですから、変動は予測不可能なものばかりです。つまり、机上だけで計算した営農計画は、実際には変動要因だらけ、穴だらけ、数字で遊んだ、ただの紙切れにすぎません（でも、これがベースで、融資とか認定とかも決まるのですから、なんとも、おかしな話ですが……）。

このことに、私は数年たって気がつきました。

事務所を始めた当初は、農業専門行政書士の活動は、農業を良くする、就農者の増加につながると信じて取り組んでいました。そして、確かに、いくらかの就農者の誕生を支援する事もできましたし、前述の通り、涙して喜んでいただけたこともあります。

でも、農業をより深く知るにつれ、「これは違う」という部分も見えてきました。営農計画と実際との違い、その違いの大きさ、計画の「穴」もどんどん見えてきます。

また、法律を駆使して就農を実現したとしても、**営農が継続できないのなら意味がありません**。実際、支援したお客さんから「農業をやめる」という報告が続いたこともあります。

本当の意味での現場を知らない農業専門行政書士なんて、しょせん、うわべだけの知ったかぶりした嫌な農業コンサルタントでしかなかったのです。

結局、当時の私の仕事は「うまくいこうが失敗しようが、就農から先はすべてお客さんの責任」。それよりも、「農業を始めたいと考える人が農業を始められるようにすることのほうが大事」。これが、農業の発展につながると信じていました。

でも、こんなんじゃ、農業を始める人が増えたとしても、やめる人も増えるだけ。こんな仕事で「先生」などと言われ、お金をもらうのは、農業を知れば知るほど「違うな」と感じてきました。

「もう机上だけの空論はやめる」「やるならば、真に心から正しいと思える営農計画を作る」。そして、「**私自身で儲かる農業を実現する**」。

そう決心しました。2012年のことです。

第2章

ゼロからスタートで農業年商1000万円になった！私の就農ストーリー

1

新規就農から3年間

手探り期

1. 泥まみれのスタート

1年目：約20aの農地を借りて農業をスタート

就農時から遡ること2年前の2010年より、農業専門行政書士の仕事で知り合いになった農家さんと一緒に農業スクールの運営を行なっていました。実技指導は農家さんで、私が運営全般を担当する形です。

ただ、農家さんは本業の農業生産もありますし、邪魔することもできないので、私の就農とともにスクールにも適した農地を探しているところでした。

当時は、農地バンク（現在、全国の各都道府県にある農地情報を扱う役所窓口）などなく、農地探しの方法も今ほど充実していないときでしたが、たまたま農業会議所（就農相談などを行なう役所機関）のホームページを見ていたら、近所に空き農地の情報が出てきて、交通の便もよく、まさに「ココ」という物件でした。

当時、私は非農家で、農地を紹介してもらうことができないのは、行政書士の仕事を通じて、ある程度わかっていましたので、農家さんにお願いしてつないでいただきました。

そのあとは、地主さんともトントン拍子に話が進み、こじれることも多い農業委員会（就農時に農地を買ったり借りたりするときに許可を与える役所機関）への申請もすんなりと通過し、わずか1カ月たらずで就農することができました。これは一緒に協力してくださった農家さんの力が大きかったと思います。

とはいえ、最初はすべてゼロの状態。あったのは、借り受けた「田んぼ」のみ。機械設備や道具はもちろん、倉庫、水道、トイレすらありません。

なにはともあれ「農業はトラクターと軽トラック」という、なんとも安易なイメージがあって、トラクターを探し始めたのですが、よく考えたら（考えなくても）、トラクターを保管する場所がありません。

そこで、まず一番最初に用意したのは、トラクターを保管するための小さなパイプハウス。確か、10万円くらいだったと思います。それから、農家さんの伝手で、知り合いの農機具屋さんから、出物の中古トラクターがあるという情報をもらい、即決。その後、軽トラックも購入し、さらに作業拠点とするための１００㎡ほどのビニールハウスを建ててもらって、なんとかスタートしました。

その他、鍬などの道具類を揃えて、なんだかんだと1年目はおよそ３００万円くらいかかりました。多いのか少ないのかわかりませんが、当時、融資や補助金などは使っていなかったので、すべて自己資金。正直、苦しかったのですが、必要最低限のものがないと始められないので、なんとか頑張りました。

というか、頑張れたのは**兼業があったから**です。行政書士と農業スクールの収益をすべて投資に回す感じです。

●スタートラインにすら立てなかった1年目

それで、農業はというと、1年目は農業スクールでブロッコリーやキャベツを少し育てていましたが、去年まで田んぼで使っていた農地ですから、とにかく排水が悪くて、一度雨が降ると、もうドロドロ。まるで沼地になります。最低1週間はトラクターを入れることもできず、畝たてもできない状態。また、調子に乗ってトラクターでベタズキ（全面をロータリーで耕運すること）した直後に雨が降った日には、もう悲惨で、雨水が土に深く浸透してしまって、1カ月は使えなくなります。

「天気を読んで、トラクターを入れる。入れたらすぐに畝たてまで完了させる」こんなことも知らずに、農業をやっていました。

周りの農家さんは当たり前に天気を読んで農業をやっています。痛い思いをしながら、1年目に学びました。

結局、1年目は、溝を切ったり、堆肥を入れたり、トラクターで「ベタスキ後の雨」をやってしまったりと、作物を植えることすらできませんでした。もちろん、当時は重機など持っていませんから、溝を切るのも、堆肥をまくのも、すべて人力。ひたすら人力。正直、農業を始める前は、まともに作物を植えるまでに農地の整備というか、インフラを整えることがこんなに大変だとはまったく思っていませんでした。

さいわい、水は農業用水がパイプラインで引かれており、ホースをつなげば使えたので、この点は助かりました。

想定が甘いと言えばそれまでですが、今思えば、**「トラクター入れて、植えれば、作物できるでしょ」と安易に考えていた**ところもあって、自分で恥ずかしくなります。もともと田んぼなのですから、水がたまるのは当たり前で、排水対策も当たり前に必要なのですよね。

こうして、1年目は作物を植えるスタートラインにすら立てず、泥にまみれて終わりました。

もちろん**売上ゼロ、資材費なども含め諸々300万円くらいの出費**。疲労度マックスの日々でした。

2. とんでもない厳しさと少しの手ごたえ

2年目：手あたりしだいに栽培

農業を始めた頃は、ブロッコリー、キャベツ、ほうれん草、ネギ、スイートコーン、なす、ピーマン、すいか、じゃがいも、さつまいも、かぼちゃ、落花生、枝豆、とにかくいろいろな品目を作りました。

品目選びの条件は「**今ある機械設備、農地、今の技量で栽培できそうなもの**」というだけ。

現在、農業スクールでも行政書士の仕事でも、お客さんには「計画立ててやりましょうね」なんて、えらそうに言っていますが、当時の私ときたら、気持ちの赴くまま、手あたりしだいの無計画そのもの。とにかく作るのが楽しくて、おかげで、さまざまな経験をすることができました。

そんな中、一番初めにきちんと販売用として栽培したのは、ＪＡがまとめる給食用のじゃがいもでした。２月頃、種イモを買って、８つ切り程度の大きさにカットして、灰をまぶして乾燥させ、ＪＡの営農担当の方の指導に従って肥料を購入して、肥料をまいて、耕して、畝をたてて、マルチ（畝の上に保温や雑草防止などの目的で貼る黒色等のビニールシートのこと）を貼って、手で１つひとつ植え付けしました。そして、指導に従い芽を１つにすると、５月には葉も茎も大きくなり、ものすごく順調に育ちました。

「これはいける！」と期待が高まり、とてもワクワクしたのを覚えています。

そして、収穫の約１週間前に、茎葉をすべてカットするといいと指導を受けたので、言われるがままにカットしました。ところが、これが大失敗。天気を考えないでやってしまったので、カットしたあとに雨が続き、収穫が大きく遅れることになってしまいました。早く掘り出さねばと気が気でなかったのですが、どうすることもできません。こうなると、土の中のイモは、どんどん萎びてきてしまいます。

６月下旬。ようやく収穫できましたが、やはり、出てくるのは小さくて、萎びたイモばかり。それでも少ないながら、なんとか大きさで規格に分けて出荷できました。

ところが、ＪＡから連絡があり、「イモが汚いので受け入れできません」とのこと。そのまま引き取りに行き、梱包した箱を再び開けて、布で泥を落として、箱に入れ直して、やっと受け入れてもらえる始末でした。

結果、**売上7万6000円**。2月から6月の約4カ月、鍬で土を上げながら長い畝を何本も作り、鍬で土をかぶせてマルチを貼り、1つひとつしゃがんで種イモを植え、どろどろになりながら収穫し、重いイモを運び、ようやく手にした7万6000円（作付け面積500㎡）。

机上の計算しか知らなかった私。あらためて、**農業で売上を上げる大変さ**が身に染みました。しかし同時に、うれしさも大きかったです。他と同じお金じゃない、まさに汗水流して得た、かけがえのないお金です。

でも、「思い」と「そろばん」のバランスを考えないと、零細農家なんてすぐに倒産です。「そろばん」を考えると、どうにもなりません。次年度からはじゃがいもはやめました。

●農業の楽しさとつらさを知った2年目

この年、一番手ごたえがあったのは、スイートコーンです。

私の記憶の中に、昔、富士山近くで買った朝どれスイートコーンの味があります。魚釣りに行くときによく買って食べていました。とにかくプリプリで、極甘で、びっくりしたのを覚えています。

スイートコーンは「朝どれ」と「夕どれ」では、まったく味が違います。「朝どれ」で、しかも「とってすぐが一番おいしい」というのは、当時の私も知っていました。そのため、スイートコーンは、とにかく「朝一番に収穫して、できるだけ早く売り場に持っていく」と決めていました。

そして、朝どれと目立つように「朝どれ」シールを貼って出荷しました。

当時、このやり方がはまり、直売所でも売り場でも飛ぶように売れました。直売所では、自分の商品は自分で売り場の棚に並べるのですが、棚に並べるとき、お客さんが列をなしてついてきて、並べたとたんにスイートコーンがなくなるということも、たびたびありました。これは、とにかくうれしかったです。

夏と秋の2期作にもチャレンジしました。夏7月に収穫が終わったら、すぐに株を抜いて、肥料とトラクターを入れて、再びスイートコーンを植え付けます。

ちなみに、私の農園がある神戸市西区は、8月のお盆前までに植え付けできれば、11月に収穫が可能な地域です。この2期作もうまくいきました。当時、秋コーンは珍しくて、これも飛ぶように売れました。

それでも、**およそ1500㎡の作付けで、約50万円の売上**。兵庫県が保有するスイートコーンの売上目安（経営指標）でいくと29万円前後（1500㎡換算）ですから、2年目の農業としたら上出来です。でも、これで生活するには、まだまだ話になりません。

こんな具合で、**2年目はトータル99万円の売上**。

少しの手ごたえとうれしさ、そして、何より農業のとんでもない厳しさも感じました。

3. 持続可能な農業とは？

3年目：いちじく初収穫

就農した当初より、いちじくの苗を育てて、2年目に５００㎡ほどの畑に90本のいちじくを植え付けていました。３年目は、いよいよ果実の初収穫年。収穫期は8月中旬～11月上旬です。

ところで、**私のいちじくの栽培は自己流**です。県の農業普及指導員の方に何度か園に来てもらって、少し指導してもらった以外、誰かに教わったわけではありません。指導員からもらったテキストを参考に、インターネットや専門書籍を見ながら、現場で試行錯誤して、失敗を繰り返し、栽培をしてきました。

結果的には、誰にも教わらなかったことで、先入観を持つことなく、いちじくの樹と向き合えたような気がします。それが今につながっているのですから、何が正解かわかりません。

自己流でも何でも、土が合っていたのか、たまたまなのか、実も大きく、自分でも結構おいしいと思えるいちじくができました。このときは、少なくとも栽培技術が優れていたわけではありません。今、当時を振り返ると、水やりから、肥料から、土づくりから、剪定から、何から何まで、結構、無茶苦茶でしたから。

私の農園のある神戸市西区は、実は全国でも有数のいちじくの産地です。シーズンになると、近所のお店、直売所には、たくさんのいちじくが並びます。今はだいぶ減りましたが、当時は、まだ販売棚に、いちじくがあふれかえっていました。

「なんで、いちじくを始めたのですか？」と、農業スクールの生徒さんをはじめ、お客さんにもたびたび聞かれますが、ひとつは「**神戸市西区がいちじくの産地**」であるということと、もうひとつは「**農業スクールの生徒さんでいちじくに興味を持つ人が多かった**」ということくらいです。

ですから、計算して、計画して、「何がなんでもいちじくを作る！」と始めたわけでもなく、正直に言えば「思いつくままに」ということなのですが、「日々、年々の努力が積み重なっていく作物がいいな」とは思っていましたから、果樹には関心を持っていたのは確かです。

●見よう見まねで試行錯誤して、まずまずの売上

いちじくの販売はというと、収穫初年度ということもあり、決まった販売先があるわけではありません。周りの農家の見よう見まねでパッキングして、近くの直売所に出荷していました。

ちなみに、私が出荷していた直売所は民間運営のところとＪＡが運営するところがあって、民間は農家であれば登録すれば誰でも出荷できました。ＪＡも農家組合員で登録すれば出荷可能です。また、どちらの直売所も委託販売といって、売れた分だけ手数料を支払う方式（実際は手数料が天引きされたうえで入金される）です。

棚にあふれかえるいちじくの中、当然、新参者の私のいちじくが、バンバンと売れるわけでもなく、最初は、たくさんの売れ残りが出て、それを引き取って処分するという悲しい思いを、毎日、毎日、ずいぶんとしました。それでも、売れ残った私のいちじくと、周

りのいちじくを見比べて、何が違うのか？　何が悪かったのか？　パッキングの方法は？と試行錯誤を重ねていくうち、少しずつ売れ始め、8月・9月の合計で120パックくらいだったのが、10月には260パックほど売れるようになっていました。

多少はお客さんがついたのかもしれません。それでも、まだ数も少なく、**シーズン合計12万8000円**。1パックは、周りに合わせて330円前後。今思うと、この値段ではとても見合わないのですが、当時、他の野菜を100円前後で販売していたので、私としては、まずまずかなと思っていました。

他には、2年目に手ごたえのあったスイートコーンも作付けを拡大して、3000㎡ほどにしました。種まき時期を細かくずらして7月から11月まで、切れ間なく出荷できるようにして、2期作もしています。

その結果、150万円ほど売り上げることができました。これは、先にお話しした兵庫県の指標のおよそ2・6倍の売上になりますから、上出来です。

そして、この年は**トータルで261万円の売上**。

まだまだ、これで生活できるレベルではないですが、光も見えてきた年でした。

●ストックビジネスの果樹にシフト

ただ、売上の柱のスイートコーンは、とにかく労力がものすごくて、続けていくのは難しいかなとも感じ始めていました。当時、朝収穫、朝一番で出荷をしていましたから、夜明け前に収穫を開始して、8時にはパッキングを終える必要があります。

皮のまま出荷すれば、早くたくさん出荷できますが、皮のままだと値段が安くなり、売れ行きもイマイチだったので、少しだけ皮を剥いて、黄色い実をきれいに見せるようにしていました。お客さんも中身の状態を確認して買うことができるので好評でした。

ただ、この作業が結構手間がかかってしまって、どうしても、ひとり200パックが限界です。1パック150円として、ひとり1日3万円。これをシーズン3カ月、毎日続けると270万円。数字的には悪くないかもしれません。

でも、スイートコーンは収穫適期が1、2日ほどしかないため、適期になったら雨でも風でも、早朝から収穫しなければなりません。雨の中、重いコンテナを運んだり、収穫後もコツコツとパッキングして出荷する作業は、かなり体にこたえます。

さらに収穫後は、残った茎葉を引っこ抜いて、トラクターで耕運して、肥料をまいて、畝たてして、植えての繰り返し。とても続けていける気がしません。朝どれスイートコーン、おいしいのですけどね。

対して、いちじくは、**1作ごとにエンドレスに繰り返す「耕運→堆肥・肥料まき→畝たて→植え付け→収穫→片付け」の重労働がない**ということが、あらためて衝撃的でした。体はかなりラクになります。

また、何より毎年畑に入れる肥料や堆肥が積み重なって、いちじくの樹の栄養になって、毎年、実をつけてくれる、それで品質も上がって、価格も上げることができるかもしれない。とても魅力的に映ります。

小難しいビジネス用語でいえば、**野菜はフロービジネスで、果樹はストックビジネス的**なところがあります。やはり、やるならば積み重なるものがいいかなと思い、ここから少しずつ「いちじく」にシフトしていきます。

2 立ち上がり期

就農4・5年目 栽培作物の選択と集中

1. 「赤まる農園」の誕生

4年目：直売会の苦い経験

ここまでの私の農業は、基本的には、作ったものは直売所に出荷して販売するスタイルをとっていました。同時に、出荷先の直売所でも私の農園を覚えてもらおうと、毎年2回くらい、お店の軒先を借りて、直売会も開催していました。

出品する品目は、キャベツ、ブロッコリー、ねぎなどの野菜が中心。そのときは、冬の時期ということもあり、いちじくもスイートコーンもありません。私の農園のものだけだと棚がさみしいので、知り合いの農家さんからトマトやイチゴを預かって出品していました。

見栄えがするように、机にはきれいな布をかけ、雰囲気のあるカゴをおいて、その中にきれいに野菜を並べます。預かったトマト、いちごも並べます。スタッフ一同、お揃いのエプロンをして準備万端です。

いよいよ開店……と同時に、次々にお客さんが来ます。

「キャベツ」「ブロッコリー」「ねぎ」100円。

「トマト」「いちご」600円。

キャベツ、ブロッコリー、ねぎは値段も安いし、余裕で売れると思っていました。ところが、次々に来るお客さんはトマトといちごばかりを眺めます。私の農園の野菜たちには目もくれません。

トマトといちごはバンバン売れます。

キャベツ、ブロッコリー、ねぎばかり残ります。たまに売れても、トマトのおまけみたいに買っていきます。しかも、値段は100円。かたや600円。

私の農園の作物は完全に脇役で、主役は預かったトマトといちご。

この出来事は、私の中に、ものすごく悔しい記憶として残りました。キャベツもブロッコリーもねぎも、それこそ泥にまみれて一生懸命作りました。もちろん、トマトもいちごも、もしかしたら、それ以上なのかもしれませんが……。

もちろん、来てくださるお客さんは、その努力や味を知っているわけではありません。それでもトマトといちごはバンバン買っていきます。かたや私の農園の野菜たちは、おまけのような扱い。

「この差は何なんだ！」

私の農園の野菜も新鮮ピカピカで、パッキングもきれいにしていますし、味もおいしいものができたと思います。でも、売れない。

それで、じっとお客さんの目線や行動を観察していると、あることに気がつきました。

お客さんの目線は、まず真っ先にトマトといちごに行きます。というより、トマトといちごに釣られて寄ってきます。

そのまま手に取ってじっくりとパックの中身を見比べます。選んだパックを手にして最後に値段を確認して購入。

そのあと、私の農園の野菜たちの「値段」を見て、ついで買いする人がチラホラ……。

こんな感じで、真っ先に私の農園の野菜を見に来るお客さんなんていません。

「これは、もしかして人間の本能なのかもしれない!?」

トマトといちごに共通するものといえば、「赤くて丸いかたち」、そして、おいしいというお客さんの「記憶」です。「かたち」と「記憶」……。

「そうか！　**赤くて丸いものはおいしいと記憶されているのかもしれない！**」

当時の私は、「きっと、これだ！」と直感しました。

もちろん、これは私独自の説で、実証されたものではありません。ただ、私の経験上、お客さんの反応を見ていると、案外当たっているような気もしています。

お客さんは、トマトといちごは、野菜の数倍の値段でも「品物そのもの」を見て買っていきます。かたや私の農園の野菜は、「品物」ではなく、まず「値段」を見て買う人、買わない人がいます。値切る人もいます。私は単純人間なのかもしれませんが、このとき、決めました。

「やるなら主役を張れる作物」、そして**「赤くて丸くてとびきりおいしいもの」**を作る。

現在の私の農園名**「赤まる農園」**は、このときの苦い経験がもとになっています。

そして、本当に運が良いというかなんというか、前述の通り、赤くて丸いいちじくは狙って始めたわけではなく、たまたまです。こういうのも運命なのかもしれません。

2. いいものを作れば売れる！

4・5年目：いちごといちじくにシフト

就農4年目、スイートコーンの限界を感じつつ、先の苦い体験を経て、今や当農園のスターになるいちごを開始しました。

いちごはお客さんからの人気が高く、多くの新規就農者も憧れる品目ではありますが、病害虫も多く、高い栽培技術が求められる作物でもあります。この点、私と一緒に農業をしてくれているパートナーは、実は数年、熊本でいちご栽培をしていたこともあり、ある程度いちご栽培のノウハウがありました。

ちなみに、私の農園のいちごは土耕栽培といって、畑の土を耕して、高い畝を作って栽培する方法です。土耕栽培は土づくりや畝たてなどの重労働があり、普段の管理作業も腰を屈めて行なわないといけないなどの理由から、最近では、やる人が少なくなってきています。

それでも、土耕栽培は土ならではの深い味わいが出せるのが特徴で、今、主流の高設栽培のものと比べると、すぐに味の違いがわかります。

好みの問題かもしれませんが、私は土耕栽培のいちごのほうが好きです。「とびきりおいしいもの」を作りたいと思って始めたので、やるなら「土耕」と決めていました。

土耕栽培は土づくりが命というところもあって、すぐに「とびきりおいしいいちご」ができるものではないのですが、それでも、お店に出荷するとほぼ完売になり、「赤まる」の威力を感じました。

●思ったより売上が伸びずに苦戦

いちじくも主力にすべく、さらに90本を植え付け、園の面積を2倍にしました。合計約1200㎡。スイートコーンやブロッコリーは大幅に減らしました。

この年、全体の売上自体は前年とあまり変わりませんでしたが、**売上品目のNo.1はいちじく、No.2がいちご**になり、中身がだいぶ変わりました。今も続く、いちじく、いちごのツートップ体制の完成です。

「赤まるフルーツ」は、他の野菜のように売れ残りになることがほぼなく、落ち着いて農業に取り組めるようになり、さらに、スイートコーンのような時間に追われる激しい労働もなくなりました。

いいものを作れば売れるという確信を得ることもできたし、ますます農業にやりがいを感じるようになりました。もしかしたら、自分たちには、このような農業が合っていたのかもしれません。

しかし、売上が思ったほど伸びません。**5年目で300万円ほど**。

私の農園経営は、これまでも大きな分岐点が次々と現れましたが、ここでも、また出現。儲かる農業をするためには、どの方向に進むべきか、苦闘が続きます。

3. 進むべき農業スタイルは？

儲かる農業をするためには、どの方向に進むべきか。

選択肢としては、

①規模を拡大して生産量を増やす

②品質を向上させて、販売単価を上げる

このあたりが大枠として考えられます。

ところで、当時も今も、国や自治体が推奨する農業は、大抵が規模拡大です。あるいは、規模拡大でなくても、効率化して生産量を増やすもの。その先の海外輸出。こんな具合です。

ですが、私の農園の方針は「とびきりおいしいものを作る」ということです。そして、**規模拡大するには、人手がいります**。人がたくさんになると、作物のばらつきは当然出るし、ばらつきの真ん中に合わせると、なんだかんだと品質は下がることになります。

「それなら、機械を入れれば」ということも考えられますが、**いちごやいちじくは機械で作れる品目でもありません**。

やはり、答えは②しかありません。

「量より質」で、コツコツと職人的に「味」を追求する。このスタイルを追求するならば、量が出ない分、**単価アップが至上命題**になります。そして、農園のスタイルを理解してくれるお客さんとつながらなければなりません。

今の「直売所やお店に出荷して販売する方法」では、限界があります。この先を進むには、販売方法を変えるしかありません。

3 就農6・7年目 販売方法の転換

転換期

1. 私のいちご栽培の方法

6・7年目：太陽熱と微生物の力を活用

私の農園のいちごといちじくの栽培は、現在進行形で細部にわたって改善を繰り返していますが、基本的ないちごの栽培方法は次のようになります。

毎年7月、畑にコダワリ堆肥を大量に入れ、もみ殻などの有機物や微生物資材を入れ、水をまき、土にビニールを被せて、ビニールハウスを約1カ月ほど締め切ります。**太陽熱**

と微生物を利用した土壌消毒方法で、土ごと発酵させるようなイメージです。

9月に、土壌分析に基づいて厳選した有機肥料を入れ、トラクターで耕し、重たい畝たて耕運機を何度も往復させ、いちごを植え付けるための高い畝を作ります。他の野菜の畝は30cmほどの高さでもいいのですが、いちごは60～80cmほどの高い畝が必要で、高畝専用の畝たて耕運機を使います。

このとき、土壌の水分量、土の状態が適切でないと、きれいな高畝はできません。また、畝たて耕運機は案外、力仕事で、9月中旬のまだ残暑が残るころの作業なので、大汗をかきながら行なう一大イベントです。

最初の数年は、まだ良質な土に仕上がっていなかったこともあり、なかなか適切な水分量がわからずに、水分が多くて耕運機が土にとられてハマって進まなくなったり、逆に少なすぎて崩れてしまったり、左右にふらふらと曲がってしまったり、傾いたりして、うまくできませんでしたが、今はだいぶコツをつかんできました。機械もクセがあったりします。

こうして高畝ができたら、さらに手でならして畝を仕上げたあと、一つひとつ丁寧にク

いちごハウス

ラウン（いちご苗の茎根本にある大事な箇所）の向きを確認し、植える深さも確認しながら、苗を植え付けていきます。うちの農園は、いちご農家にしたら少ないほうですが、およそ2000本くらい植え付けします。

10月。少し気温が下がってきたら、マルチというビニールのシートを畝に被せて、保温のための内張ビニール（ビニールハウスの中に、さらにビニールを二重に張ります）をかけて、いちごの花が咲き始める頃に、ミツバチを放して受粉させます。

12月。ようやく実ができて、5月頃まで収穫が続きます。その間、株が茂りすぎず、ほどよい成長を続けていけるように、こまめに脇芽と呼ばれる余分な芽や余分な葉っぱを除去したり、水を調整したり、肥料を補ったり、すべきことはたくさんあります。土耕なので、すべてしゃがんだ姿勢でやらなければならないため、体への負担が大きく重労働です。

2. 私のいちじく栽培の方法

6・7年目：堆肥へのこだわり

私の農園のもうひとつの主力作物、いちじくの栽培方法は次の通りです。

毎年2月頃、大量の「堆肥」を畑に投入します。年によりますが、4～10tくらいは入れます。これにより土がフカフカになり、根も育ち、土の中の環境（微生物環境）も豊かになります。

堆肥はおいしさのもとにもなる大事なものなので、品質にはかなり注意しています。当初は購入堆肥を使用していましたが、なかなか納得いくものに出会えず、今は、私の農園

いちじく園

のいちじくに最も適していると思われるものを自分で作っています。自家製の堆肥です。

4月。その年に実をつける枝（結果枝）になるもとの芽が出て、6月にすべての枝の誘引を開始し、7月には樹形が完成します。

枝数は露地園で約2000本、ハウス園で約1000本。その間、下草も伸びてくるので、随時、除草や草刈りを行なったり、余分な脇芽も出てくるので芽かきしたりと、特に6月以降は忙しくなってきます。

8月中旬に実の収穫が始まり、11月中頃まで続きます。いちじくは、特に8～9月のハイシーズンは実の熟しが早くて、毎日、大量の収穫になります。12月に収穫終了して、落ち葉の掃除をして、1月にすべての枝（結果枝）の剪定を行ないます。

基本的には毎年、これらの農作業を繰り返します。

ところで、いちじくは、樹の上で完熟させた**「樹上完熟の実」が、圧倒的においしい**というのをご存じでしょうか？

本来、どこの農家も樹上完熟で販売したいのが本音かもしれませんが、残念ながら、樹上完熟の実は柔らかすぎて輸送ができません。そのため、ほとんどのいちじく農家は、完熟前のまだ少し硬い状態の実を収穫して出荷しています。

また、いちじくは追熟《ついじゅく》（置いておくと甘くなる性質）がない果物なので、多少柔らかくはなりますが、硬い状態で収穫した実の味は、その状態のままの味になります。いちじくは当たり外れが多いと言われる所以です。販売するには、結構ややこしい性格を持つ果樹でもあります。

3. たくさん採れたときに売れない買い取り契約

6年目：直販を決意

このようにして栽培したいちごといちじく。6年目までは、主に直売所やスーパーなどに出荷していました。

お店に出荷するには、やや硬めで収穫しなければなりませんので（これはいちごもいちじくも同じです）、本来のおいしさを届けることはなかなか難しいことです。

さらには、お店に並ぶということは、他の農家の品物と比べられるということです。しかも、大抵は味ではなく、**見た目と値段の比較**になります。

たとえ味を追求して一生懸命に作ったとしても、**量を追求して作った農家の品物の値段に合わせなければ、なかなか売れない**という実態があるのです。お店により程度の差はありますが、それでも「相場」という平均的な値段に左右されます。

そんな中、「土耕栽培のいちごです」「樹上完熟のいちじくです」と言ったところで、伝える手段は、せいぜいパックに説明シールを貼るくらいしかありません。

いちごは、だいたい1パック「650円」、いちじくに至っては1パック「330円」（私の地元の神戸市西区はかなり安いです）というのが相場で、いろいろと試しましたが、どんなに頑張っても**プラス200円程度が限度でした。**

お店の人からは「こんな値段じゃ売れないよ」とたびたび言われましたし、買い取りの契約をしていたスーパーからは「取引できない」とも言われました。

●農家の立場が弱い販売方法からの転換を決意

さらには、お客さんの反応がまったく見えない中で、おいしいのかマズイのか、さっぱりわからないまま「明日○パックね」「1パック○○円ね」と数字だけのやりとりになり、求められる品質はといえば、ただ、きれいにパッキングされているかどうかだけ。味の評価は一切なし。あげく、たくさん採れたときには「こんなにいらないよ」と言われたりして、さんざんでした。

「買い取りなのだから、たくさん採れたときこそ、たくさん買ってよ」というのが本音でしたが、販売してもらっていると、どうしても私（農家）の立場は弱くなり、言われるままに従うほかありませんでした。

ほとんどが販売側の都合で値段が決まり、数が決まり、そこに農家とお客さんは存在していないような気さえしてきました。

「本当にお客さんは、その値段で、その品質を求めているのだろうか？」

私の声なんて一切、届きません。ずっと感じてはいましたが、結局のところ、私の農園が目指す「とびきりおいしいもの」を販売するには、**「直接お客さんとつながる＝直接自分で販売するしかない」**ということが、これではっきりしました。

4．狩り採り園の開始

7年目：直販開始

就農7年目に直売の方法として**「狩り採り園」**を開始しました。いちご狩り園は一般的ですが、いちじく狩り園はあまり耳にしません。それでも、いちじくも狩り採り園にしたのには、あるきっかけがありました。

狩り採り園を始める前年に、農業スクールの生徒さんに、ほんの遊び心でいちじく狩りをしてもらっていました。季節の終盤で出荷用の収穫が終わったときだったので、こちらは「残った実をきれいに採ってもらえたし、楽しんでもらえてよかったな」程度に思っていたのですが、生徒さんは大興奮で楽しんでいて、生徒さんのひとりから大真面目に「いちじく狩り、絶対にいけるよ」とまで言われ、その気になったのが本当のところです。

さらに、集客に自信がなかったので、単に「直売始めます！」と言うより**「狩り採り園始めます！」のほうが集客できる**かなという単純な発想でした。

それでも、どうやって集客したらよいのかわからず、手探りのままホームページを作って、広告を出さないとダメかなと思いながらも、8月下旬のオープン前に、試しに「いちじく狩りオープン」のプレスリリースを出してみました。まあ、お客さんが来なければ、通常通り出荷しようとも思っていました。

ところが、これが**予想もしていないほどの大ヒット**になり、ものすごい反響でした。新聞社、雑誌社、ラジオ番組、テレビ番組まで、たくさんの取材オファーをいただきました。きっと「いちじく狩り」が珍しかったのだと思いますし、タイミング的な運もあったと思います。

そのままの勢いで、新聞、テレビ、雑誌などに取り上げていただき、オープン前にもかかわらず、8月・9月の土日は即満席という状態になりました。その後も電話が鳴りやまず、まさに怒涛の1年。

また、同時に農園直売も開始して、こちらも完売が続く状態にまでなりました。

この年、実は関西に大型台風が何度も直撃して、いちじくの栽培はかなり苦しくて、廃棄いちじくも多く、収穫数量は激減しました。おそらく6割くらい廃棄したと思います。それでも、売上自体はなんとか前年より少しプラスにすることはできました。

これは、販売価格を上げることに成功したからです。それまで1パック330円前後でお店に出荷していたのを、直売と狩り採りのスタイルにすることで、1パック1000円前後にすることができました。農家が自分で直接お客さんに説明するので、お客さんに与える安心感も説得力もまるで違います。

狩り採りに来てくださったお客さんの反応も、ものすごくうれしくて、「今までこんないちじくは食べたことがない」とたくさんの方から言っていただけました。狩り採りも、直売も、お客さんに直接農園に買いに来ていただけるので、本当においしい樹上完熟のいちじくを販売することができました。

しかも、出荷用にパッキングしなくていいし、お店まで運ばなくていいし、何より足を運んでもらったお客さんに農園の様子を見ていただけ、こちらの取り組みもお伝えすることができます。

これで間違いないと確信しました。この年、いちごも合わせて**農園トータルで450万円**ほどまで売上を伸ばすことができました。

●農業を続けるために大事なことを痛感した出来事

ところで、先にお話しした通り、この年の8月と9月は週末ごとに台風に襲われるというような、これまでで一番大きな被害を受けました。実は、いちじく狩り園オープン数日前に台風が直撃して、休憩小屋が飛び、支柱も折れ、2000本の枝すべての誘引紐が切

台風被害を受けたいちじく園

れて、悲惨な状況になりました。立て直すのには膨大な作業量が必要というのもわかりました。

とても私ひとりではできるものでもなく、「もう今年のオープンはやめよう」とあきらめていたところ、農業スクールの生徒さんが「直しましょうよ」と声をかけてくださいました。忙しい中、7人ほどの生徒さんが助けに来てくれて、数日でなんとかオープンまでに復旧することができました。この一言がなければ、オープンしていません。

農業は一人では、とてもできないなと痛感した出来事です。

また、もし私が「専業いちじく農家」だったらと思うと、ぞっとします。農業スクールをやっているおかげで、たくさんの人の力を借りることができたし、**兼業があるから、いくぶん心の余裕もありました**。

農業は予測不可能な自然災害のリスクと隣り合わせの不安定な業種です。台風が来るとなると、ビニールハウスのビニールを剝がしたり、支柱で補強したり、ネットを張ったり、紐を絞め直したり、通常の農作業以外の作業が膨大に発生します。さらに、被害が出ると復旧作業も膨大です。もちろんお金もかかります。

保険などに入ったり、作物品目を分散したり、リスク回避の方策をとることはもちろんですが、そのうえで、やはり**兼業を持っておくと「農業を続けるという意味」でも、だいぶ違います**。

「自然災害にあったから、農業やめます」では寂しいですから。

4

就農8年目以降　栽培技術の習熟とともに売上もアップ

成長期

1. おいしさを追求するいちじくの栽培技術

8年目以降：樹上完熟を追求する

「いちごといちじくをメインに、とびきりおいしいものを作って、直販で直接お客さんに届ける」

ようやく私の農園のコンセプトが固まりました。こうなると、あとはひたすら味を追求して栽培技術を磨いていくだけです。

ところで、栽培技術には、大きく2種類あるのをご存じでしょうか。

①量と見た目（規格）を追求する栽培技術
②おいしさ（味）を追求する栽培技術

私も数年前までは、どちらも同じようなものなのかなと思っていましたが、特にいちごといちじくを始めてからは、まったく違うものと気がつきました。

一般的ないちじくの作り方は、ほとんどが市場出荷に合わせていますので、量と見た目（規格）が重要になります。10a（1000㎡）あたり何t収穫するとか、良品が何割とかの**「収量」が最終目標**になっています。

ほとんどの県や役所、農業普及員からの指導も、これがベースになっています。そして、これらの指導や栽培方法をそのまま私の農園で実践すると、「おいしさ」という側面から見ると、**まったくと言っていいほど良いものはできませんでした。**

当初、私の農園も一般的な栽培方法や施肥基準（肥料成分や投入量の標準的な値）に従って、決まった時期、決まった量の堆肥や肥料を投入していました。

すると、確かに樹の勢いは出て、大きな実もたくさんなるのですが、樹上完熟まで収穫を待つと、すぐに実が腐ってきました。また、少し雨にあたったり、湿気が多いとすぐにカビが発生したりします。そのため、完熟前の早めに収穫するしかありませんでした。病害虫も発生しやすくて、たびたび農薬散布が必要になりました。味もえぐみ渋みがあって、私の農園が目指す「とびきりおいしいいちじく」には到底、到達しません。「収穫量」を目指すのなら、これでもいいのかもしれませんが、何よりも「樹上完熟」まで待てないとなると、これは明らかに私の農園の目指すものとは違っています。

●理想的な農業を叶えるために変えたこと

それで、思い切ってすべて変えてみました。

私は、兼業で農業スクールをしています。スクールの講師をしていただいている土壌の専門家の方のアドバイスなども受け、土壌分析も行ない、足りないもの、過剰なものを確かめて、それに合わせて肥料を入れ、堆肥や肥料の質も徹底的に改善しました。

明らかに肥料過剰なのがわかりました。病害虫も極端に減りました。今は、天敵昆虫（害虫を食べる虫）を使用するなどして、いちじくへの農薬散布はシーズン通しても2～3回ほどでおさまっています。当初は10回ほどは必須でしたから、かなり減らすことができています。

さらには、与える肥料の量も、年々少なくなっています。無肥料で通した年もあります。土づくりが進み、土の肥料を抱く能力（「保肥力」といいます）が向上したからです。

結局、**樹上完熟でおいしいものを作ろうとすると、極力、無駄な肥料は与えないほうがいい**というのが結論で、肥料は光合成で消化しきれる限度にするのが正解ということがわかりました。

これは、なかなか匙加減が難しいのですが、毎年、土壌分析をするだけでは不十分で、最終的には、植物の生育を見ながら、適正な肥料の成分、量を判断するしかありません。植物を見る目を養わなければなりません。私自身、まだまだ習熟の過程で、ゴールはどこにあるのかはわかりませんし、もしかしたらゴールはないのかもしれませんが、やはり、このあたりの知識や経験がないと、なかなかおいしいものはできないということはわかってきています。

究極的には、おいしさは感性のものですから、それを生み出すには、やはり感性が大事なのだと思います。作り手の感性と食べる人の感性が合致して、初めて「おいしい」が生まれるのかなと感じています。

次に、雨対策です。

いちじくは雨には極端に弱い果樹です。完熟の実は皮が柔らかくて、皮ごと食べられるほどなのですが、ひとたび雨にあたると、翌日から痛み始めます。雨で痛んだら大量廃棄になることもあります。それこそトラック1～2台分くらい廃棄したこともありますし、シーズンを通しても6割くらい廃棄したこともあります。これは、いちじく農家の宿命で、特に樹上完熟をうたう私の農園にとって最大の課題です。

就農8年目、ようやく念願の「いちじくハウス」を新設することができました。500㎡ほどのハウスですが、高さもしっかりあって、夏の暑さ対策も考えた「いちじく専用の特注設計ハウス」です。これで雨でも問題なく栽培できます。

いちじくは200品種ほどあると言われていますが、日本では2品種ほどしか流通していません。その大きな原因は「流通」で、極甘の品種ほど皮が薄く、流通がしにくいという傾向があります。

さらには「皮が薄い＝雨にも弱い」ということでもあって、なかなか露地栽培では難しいものです。今回、いちじくハウスを新設したのは、「新たな品種を栽培したい」という目的もありました。「こんな珍しいいちじく、食べたことない」「甘くてびっくりした」など、お客さんの評価も上々で、今のところ予約販売でほとんど完売が続いています。

その他、既存の露地いちじく園（いちじく狩り園）にも雨よけハウスを設置して、雨対策を行ないました。

これでいちじくの実を、よりじっくりと樹の上で熟させることができるようになりました。また、雨でも入園可能になり、より多くのお客さんにご来園いただけるのと、廃棄も減り、直売可能ないちじくを大幅に増やすこともできました。味の面でも売上面でも、大幅な向上です。

2. おいしさを追求するいちごの栽培技術

8年目以降：農薬散布ゼロを達成

私の農園はもと水田ということもあり、水はけは良いほうではなく、雨が降るとすぐに水がたまって、なかなか水が引きません。水がたまって滞水が長くなると、湿度も上がるし、病気も増えます。いちごはビニールハウスで育てていますので、雨は直接あたりませんが、大雨が降るとハウスの周りから浸水してきます。

このような土地なので、思い切って、ビニールハウスの中に盛り土をしました。

表面の土（表土）は何年も土づくりしてきた大切な土なので、表土の上に盛るわけにはいきません。表土を剥がして、その下の硬い床土までめくって、床土の上に新たに盛り土をして、そのあと表土を戻すという大工事を行ないました（ハウスを建てるときにやっていなかったのがいけませんね……）。

これにより、浸水はなくなりました。

●農薬散布ゼロのいちご栽培

さらに、毎年、厳選した堆肥と厳選した有機物を投入していますので、それが積み重なり、年々土が良くなってきているのを実感します。これに加えて、病害虫に効果があるというUVBランプ（紫外線ランプ）を設置したり、天敵昆虫を駆使したりして、ここ数年は病害虫の発生は少なく、**農薬散布はゼロを達成（栽培期間中で苗を除く）**しています。

いちごを始めた当初は、うどん粉病が止まらずに、いつも悩まされていました。何度も農薬散布していましたが、完全に止まることはありません。農薬散布は労力もかかり大変な作業なのに加えて、どうしても「いちごの味」自体も悪くなってしまいます。ちなみに、一般的にいちごは農薬散布が多い作物で、シーズンに何十回も散布するのが通常です。

栽培技術の習熟とともに、年々、直売のお客さんが増え、今は、ほぼ予約で完売する状態が続いています。

3．「赤まる農園 fruits stand」開設

8年目以降：加工品の販売開始

私の農園は「いちじく」「いちご」ともに狩り採り園をしています。8〜11月がいちじく、12〜5月がいちごです。同時に直売もしており、毎年、年間を通じて延べ3000人近くのお客さんが来園されます。

当初より、来園してくださるお客さんに農園でゆっくり過ごしていただけるような場所を作りたいと、ずっと考えていました。農園で採れたいちご、いちじくから作ったデザートやドリンクが提供できれば、売上も上がるし、三方よしになります。

こんなとき、狩り採り園オープンの1年後、就農8年目になりますが、ちょうどタイミングよく、農園近くで「喫茶店が空くので、使いませんか？」とお誘いをいただき、二つ返事でお願いしました。ここは農業用倉庫をそのまま喫茶店にしたところだったので、木

「赤まる農園 fruits stand」店舗

材を取り寄せ、内外装をセルフビルドして「赤まる農園 fruits stand」としてオープンしました。

「赤まる農園 fruits stand」では、いちご、いちじくの直売とともに、いちご、いちじくを使った自家製のスムージーとジェラートをメインに提供しています。加工品では、ドライフルーツとジャムもあります。

狩り採りや直売で来園くださるお客さんに、ついでに買って行っていただけるので、売上も伸びました。何より、田園風景を見ながらゆっくり休憩していただけるので、**よりいっそう私の農園の雰囲気や取り組みをお客さんに理解していただけるようになった**かなと思います。

4．農業年商1000万円を突破！

こうして、

- **いちご、いちじくの栽培技術の習熟**
- **いちじくハウスの新設による新品種の栽培**
- **いちじく狩り園雨よけハウスの建設**
- **「赤まる農園 fruits stand」の開設**

などの成果もあがり、それとともに売上も上昇。

８年目以降、８００〜９００万円くらいの売上を維持して、**10年目には1000万円を突破**しました。

私の農業年表

就農1年目	売上ゼロ（農地面積20a）	泥にまみれて終わる。ひたすら農地整備。	手探り期
就農2年目	売上99万円（53a）	無計画、手あたりしだいに13品目を栽培。朝どれスイートコーンで少しの手ごたえ。	手探り期
就農3年目	売上261万円（80a）	スイートコーン拡大。**いちじく出荷始まる**。スイートコーンの持続可能性に疑問を抱き始める。**直売会の苦い体験**。	手探り期
就農4・5年目	売上300万円（80a）	**いちごハウス建設〜いちご栽培開始**。「赤まる農園」誕生。主力を「スイートコーン」から「いちご」「いちじく」にシフト。「量より質を重視する」方向性が固まる。	作物の選択と集中
就農6・7年目	売上450万円程度（80a）	**狩り採り園の開始**。販売単価の向上。大型台風の直撃も単価UPのおかげで乗り切る。	販売方法の転換
就農8年目以降	売上800〜900万円程度（80a）	栽培技術の習熟、いちじくハウス新設、雨よけハウス建設。「赤まる農園 fruits stand」開設。	栽培技術の習熟・成長期
就農10年目	**売上1000万円突破!**（80a） （うち1,000万円の農業経営に使用しているのは約29a。他は、自家用のお米づくり、農業スクールなどに使用）		

ちなみに、農作物の売上順では、いちじく460万円、いちご350万円、その他、野菜50万円くらいです。

「赤まる農園 fruits stand」でのスムージー等の売上は150万円くらいで、全体の13％程度です。

ほとんどが農作物を生産してそのまま販売する、いわゆる純粋な農業による売上になります。もちろん、行政書士や農業スクールなどの兼業部分は含みません。

第3章

小さい農業でしっかり稼ぐ実践ノウハウ

1 起業マインドと体制づくり

1. 「頭の中の脱サラ」をする

私は農業を始めて11年ほど、農業スクールは開校から13年ほどになります（２０２３年現在）。

これまでたくさんの新規就農を目指す方と直接お話をしてきました。かれこれ３００人以上になります。また、農業専門行政書士として、たくさんの経営者（事業主）の方とも仕事をしてきました。

これらの方々とお話をする中で、気がついたことがあります。「儲かる農業」をするための最も根っこの部分であり、大前提になる大切な部分なので、本題に入る前に、ここでお伝えしておきます。

それは、**農業を始めるということは、事業を起こす（起業する）ということ**です。人によっては、何を当たり前のことをと思われるかもしれません。そのように思った方は、本項は読み飛ばしてください。

多くの方にとっては、この考えを切り替えるのがなかなか難しいようです。

どういうことかと言えば、これまでサラリーマンをやっていた方のお金に対する頭の中は、基本的には「決められた仕事をする↓お金をもらう↓もらった範囲内でお金使う」という「他人主導のサイクル」だと思います。

一方、事業主の頭の中は「何にお金を使ったらリターンが得られるか（仕事を作る）↓お金を使う（事業投資）↓使ったお金以上の収入を得る」という「**自分主導のサイクル**」

になっています。

つまり、

「仕事は与えられるものではなく、自分で作るもの」
「お金はもらう前に使うもの（事業投資）」
「使ったお金以上の収入を得る（そのために必死に頭を使う）」

というマインドです。

もちろん収入が得られなくても、使ったお金は戻らないというリスクは覚悟の上です。

こういうマインド〝リセット〟、つまり「**頭の中の脱サラ**」が行なえるかどうかは、「儲かる農業」を実践するうえで最も基本的な部分になります。これができなければ、農業も、その先の「儲かる農業」も絶対にうまくいくはずがありません。

私も脱サラで事業を始めましたから、この頭の切り替えの難しさは、よくわかります。数万円の広告費ですら使うのが怖かったですし、最初、収入が安定しない頃には、どこかに就職したほうがいいかなという誘惑にもかられました。

幸い、私は優秀なサラリーマンではなかったので、割とすぐにマインド〝リセット〟できましたが、会社勤めが長く、優秀なサラリーマンであればあるほど、これが一番難しいことのようです。

●「自分主導」の姿勢になれるかどうかが要

確かに、収入が得られるかどうかわからない不確実なものにお金を投じるのは、怖さはあります。その怖さを減らし、リスクを最小にして確実なものにしていくには、その裏付けとしての知識や知恵、経験が必要です。その知識や知恵、経験を得るために、事業主は絶え間なく「勉強や実践」をしているものです。その中で、たくさんの失敗もあります。

でも、その繰り返しこそが「**自信＝自分を信じる**」ことになり、より確実な投資につながっていきます。

何でも与えてもらえるという「他人主導」の姿勢でいるうちは、「儲かる農業」を実践する土俵にも上がれません。これは、儲かる農業を目指すうえで、核心とも言えるような、ものすごく大事なことに思えます。

この考え方ができるかどうかは、その人が育った環境、経験してきた仕事、性格、家族環境にもよるところが大きいと思います。

20代、30代の若い方なら、これから経験していけば、いくらでもできるようにはなるとは思いますが、40代を超えてくると、頭の中はこれまでの経験が幅をきかせてきますので、よほど覚悟して取り組む必要があります。

そして、これは強制できるものでもありませんし、その方の人生です。もし「私には難しい、無理だな、嫌だな」と思うのでしたら、無理に独立せずに、農家や農業法人に就職するという形で就農するという選択肢もあるということは、頭に入れておいてよいと思います。

2. スタートラインの違いを知る

農業を始めるに際して、**「ゼロからのスタート」と「1からのスタート」では、そもそものスタートラインがまったく違います**。もし、読者の皆さんが農家出身でもなく、農家に縁もゆかりもなく、まったくのゼロから農業を始めようと考えているのなら、このことは十分に頭に入れておく必要があります。

Uターンで就農する方や、親の農業を引き継いで農業を始める方の話は、「1からのスタート」であることがほとんどです。

「いやいや、親の借金があってマイナスからですよ」という方も中にはいますが、それでも、親が農業をやっていたということは、農業ができる農地や農業機械、農業施設、倉庫、家、トイレなどはあるはずです。これは一見借金に見えますが、お金を生み出すもとになる資産という見方もできます。

でも、ゼロから新規就農する場合は、農地も機械も施設もすべて自分で揃えなければなりません。これらには当然、多額のお金がかかります。自己資金で賄えない場合、お金を借りなければなりません。そして、家や土地、預貯金などの資産がない場合、融資を受けることでさえ、かなり難しいです。世の中の厳しさを感じる場面です。

「**金融機関は、お金がある人には貸すけど、お金のない人には貸してくれない**」

これが現実です。

●融資が受けられなかった「ゼロからスタート」の厳しさ

私も就農3年目くらいの頃に、融資を受けようと公的な金融機関の日本政策金融公庫に融資の申請を何度かしましたが、特段の実績もない当時の私には、貸してもらうことはできませんでした。

「農業スクールという社会的には素晴らしい取り組みもされていると思いますが、融資できるかどうかは、結局のところ、担保（家や土地）があるか、実績があるか、儲かる見込みが確実な事業かどうかです」

とはっきり言われました。公的金融機関ですら、これです。

農協にも話をしました。そのとき農協に言われたのは、

「うちと大きな取引があったり、担保（土地や家）があったり、融資額と同額の定期預金があれば検討します」

私から端的に「大きな取引がある大農家以外は無理なのですかね」と聞いたら、「はい、そういうことです」という返答でした。

これ以外にも悔しい思いを何度もしました。

でも、お金を貸すほう（金融機関）の立場からすれば、リスクが大きい新参者には厳しくなるというのは当たり前なのかもしれません。これが現実ですし、金融機関から見た当時の私に対する評価でもあります。

「**あなたには、お金を貸す価値はない**」ということです。

その後、私は、**市から認定就農者の認定**をとったうえで、**融資額の半額の預貯金**を見せて、なんとか日本政策金融公庫から融資を受けることができましたが、かなり厳しかったです。精神的にも響きました。

特に私の場合、就農3年目あたりの中途半端な実績のときに申請したというのが、間違いだったのかもしれません。融資という面から考えると、農業を始める前のまったく実績もない状態のときに、たとえそれが絵に描いた餅であっても、利益があがる計画ならば、それで融資申請したほうが、通りやすかったのかもしれません。おかしな話ですが、こういうものです。

そして、お金を借りられても、その後、施設を作ったり、機械を購入したり、農地の整備をしたり、農業でお金を稼ぐための土台づくりに時間がかかります。**まさに開拓**です。農地、農業施設、農業機械、倉庫、トイレ、水、電気などのインフラがいかにありがたいものなのか痛感します。

ゼロから始めるというのは、こういうことです。

3．ゼロからのスタートを生かす

新規就農を目指す方にとって、厳しい話をしました。でも、ゼロから始めるということは「ゼロから始められる」ということでもあって、栽培する作物から、場所から、**すべて自分で決めることができる**ので、考え方によっては大きなメリットにもなります。また、後継農家のお話を聞いていますと、地域や土地、先祖代々のしがらみがないというのも、メリットになるのかもしれません。

親の農業を引き継ぐ場合は、間違いなく「場所」は選べません。栽培する作物も、親がやっていた作物なら機械設備はあるかもしれませんが、違うものにしようとしたら、新たに導入しなければなりません。もしかしたら、今ある農業施設の解体から始めなければならないかもしれません。

こう考えると、ゼロからのスタートも悪いことばかりでもありません。というより、**せっかくゼロからスタートするのですから、それを生かしましょう。**

農業において、立地条件というのはものすごく大きなものです。栽培作物、販売、生活環境、そして収益、何から何まですべてに影響してきます。

私のパートナーは、神戸に来る前、熊本でいちごを栽培していましたが、神戸に来て、何より販売価格の差にびっくりしていました。熊本時代1パック300円くらいだったのが、神戸では普通に600円は超えています。さらに私の農園では、直販で1200円を超えていますから、売り値が4倍近く違います。

しかも、熊本時代は、色、形、サイズごとに細かい規格があって、選別作業が大変な労力だったといいます。なぜ、こんなに労力をかけて選別しなければいけないかといえば、卸売市場に出荷していたからで、規格ごとにセリ値が変わるからです。

こういう地域では大抵、地元の商圏が小さいので、おのずと関東圏、関西圏に運ばなければなりません。そのため、量を作って卸売市場に出荷する以外、作物を販売する手段は、なかなか考えられません。もちろん直販している方も見かけますが、都市近郊に比べたら、相当な苦労があると思います。

それでも、セリ値が維持できていればいいのかもしれませんが、当時でもいちごが30 0円だと、なかなか厳しいものがあります。そして、関東圏、関西圏でもいちご農家はいますので、激しい競争が予想されます。スーパーなどの売り場を見ていても、一部のブランド品以外は、どうしても値段は安くなりがちです。スーパーでの売値が安ければ、当然、セリ値はそれよりも安いですから、相当な厳しさと推測します。

●「ゼロからスタート」は都市近郊がおすすめ

一方で、私の農園のような都市近郊では、近所に販売できるお店はたくさんあります。

遠くても車で30分も走れば、どこにでも持っていくことができます。

また、住宅地も近いですから、農園で直販して、お客さんに買いに来ていただくこともできます。直販の場合、規格ごとに細かく選別する必要もなければ、パッケージも価格も自由に決めることができます。これは、本当に大きな差があると、常々痛感します。私の農園のある場所は、本当にありがたい立地です。

もちろん、地方は地方できっと素晴らしい農業があるはずです。私も地方は大好きですし、地方で農業をやってみたいと思うこともあります。でも、収益面のことを考えるとどうしても踏み切れません。

やはり、独立して自営農業を始めるならば、収益面においては、**お客さんが多い都市近郊のほうが圧倒的に有利**なのは間違いないでしょう。

この点、ゼロから農業を始める方は、ゼロから場所を選べるのですから、これを生かさない手はないと思います。

4. 無理せず農業を継続できる体制をつくる

これまでお話ししてきたように、**農業で稼げるようになるまでには相当な時間がかかります**。農地探し、農地が決まってからの手続き、融資、機械設備導入、インフラ整備を経て農業で稼げる土台ができたとして、そこから栽培技術の習熟、販売となります。私の場合は、10年かけてやっと年商1000万円に到達しました。

第2章でお話しした通り、私はだいぶ遠回りをしたので10年もかかってしまいましたが、皆さんには、本書を参考に、1年でも早くショートカットしていただきたいものです。

それでも、やはり時間はかかります。ゼロから始めた農家の先輩としてアドバイスできるのは、「稼げるようになるまでの時間をつくるためにも、**まずは農業を継続できる体制を作ることに注力**してください」ということです。

農業は言うまでもなく、「作物を栽培して販売する業」ですから、作物が栽培できなければ始まりません。それも業として行なうには、ただ作れるというだけではなくて、「売れる作物」を作れなければなりません。

栽培する品目や栽培方法によって程度の差はありますが、それでも「売れる作物」が作れるようになるには相応の時間はかかります。たとえ農業研修中に栽培方法を勉強して習得したと思っていても、就農場所で同じように栽培できるかといえば、それは違ってきます。

農業は自然の影響を大きく受けるものですから、土、水、温度、湿度、その他多くの栽培環境が変わると、それにアジャストするのには、やはり相応の時間が必要です。それこそ、私の農地のように排水が悪ければ、排水対策などのインフラ整備から始めなければなりません。

このあたり、環境の影響が少ない水耕栽培や植物工場なら、もしかしたらすぐに「売れる作物」を作ることができるのかもしれませんが、次節「栽培品目選びとターゲット顧客」でもお話ししますが、よほど資金に余裕がある方（大企業など）以外は、このマーケットに参入するのはあまりおすすめできるものではありません。

●農業を続けていくためにも兼業農家の道がおすすめ

したがって、農業の収入が少なくても農業を継続していけるよう、やはり農業以外の「兼業」は作っておきたいところです。

収入源が1本より2本、2本より3本と多いほど、事業は安定しますし、気持ちにも余裕が生まれます。兼業については、第4章でお話ししますので参考にしてください。

2 栽培品目選びとターゲット顧客

1. マーケットの観点からの栽培品目選び

農業は基本的には内需産業と言われていて、農作物は日本国内で生産して日本国内で消費されるのが主です。輸出も増えてきて、国も「クールジャパン」などで輸出を推奨する方向で進めてはいますが、それでも、まだまだ一般的ではありません。

特に、本書を読んでくださっている読者の皆さんが目指す「年商1000万円の農業」

の場合は、日本国内向けの農業と言って差し支えないと思います。

さて、農業では**「何を栽培して販売するのか」という栽培品目選びは、農業経営に直結する重要なポイント**で、慎重な判断が必要になります。しかしながら、私の農業スクールには、栽培品目や誰にどうやって販売するかなどの視点を持たず、「何を作っても同じ」「農業は農業やろ」というノリで来られる方がたくさんいます。もしかしたら農業を知らない方からすると、こんな感覚が当たり前なのかもしれません。

かく言う私も何も考えずに農業を始めてしまった人間なので、えらそうなことは言えません。でも、私の場合は10年やって、ようやく意識できたことなので、ここでお伝えすることで、皆さんの貴重な10年を節約していただければと思います。

さて、ここでは「マーケットの観点からの品目選び」というお話をします。

一般的に、**マーケットが大きいとその分、売上規模も拡大できます。でも競争は激しくなります**。逆に、**マーケットが小さいと、売上規模は小さいかもしれませんが、競争も少なくなります**。

これが大前提の考え方です。

年商1000万円規模の農家は、全農家の上位12％程度に入るとはいえ、億単位の農家がいる中においては、決して大農家というわけではありません。どちらかといえば、小規模農家です。

また、企業の農業参入も進み、上場企業も農業を始める時代に、個人で新規就農する場合は、資金力ではとてつもなく大きな差があります。

私が農業をしている神戸市西区周辺でも大きな企業が農業を開始して、数千万円規模の最新の機械設備投資をどんどん行なっています。うらやましいと思いつつ、とても資金力では勝負になりません。

こんな状況の中で、小さな個人が農業を始めようとするのですから、競争が激しいマーケットで、大企業がライバルになったとしたら、かなり厳しい状況に陥ります。

大きなマーケットでは、生産量も大きくないと売上は伸びません。生産を増やすには多額の設備投資が必要になります。個人農家は、資金力に差がある大企業に置いていかれるのは明らかです。

小さな個人農家は、ランチェスターの「弱者の戦略」と同様、**たとえマーケットが小さくてもなるべく競争は避けるべき**です。

小さなマーケットには、大企業は入ってきません。とはいえ、極々ニッチな見たこともないような珍しい野菜とか果物だと、少し不安もありますので、一般に売られている野菜や果物で比較的マーケットが小さいものがいいと思います。この場合、たとえ小さくても農家1軒、売上1000万円レベルくらいマーケットは十分にあるはずです。

つまり、小さい農業の栽培品目選びにおける1つ目の答えは、**小さくても、競争が少ないマーケットに参入する**ということになります。

そして、極々ニッチを攻めるなら、それ単独ではなく、他の作物と併用して、様子見しながら行なうべし」といったところでしょうか。

どんな品目のマーケットが大きい・小さいのかを知る

では、品目別で、どんな品目がマーケットが大きくて、どんな品目が小さいのかという事について、少し古いデータにはなりますが、参考までに農水省が作成した「野菜の生産

産出額（平成28年産）

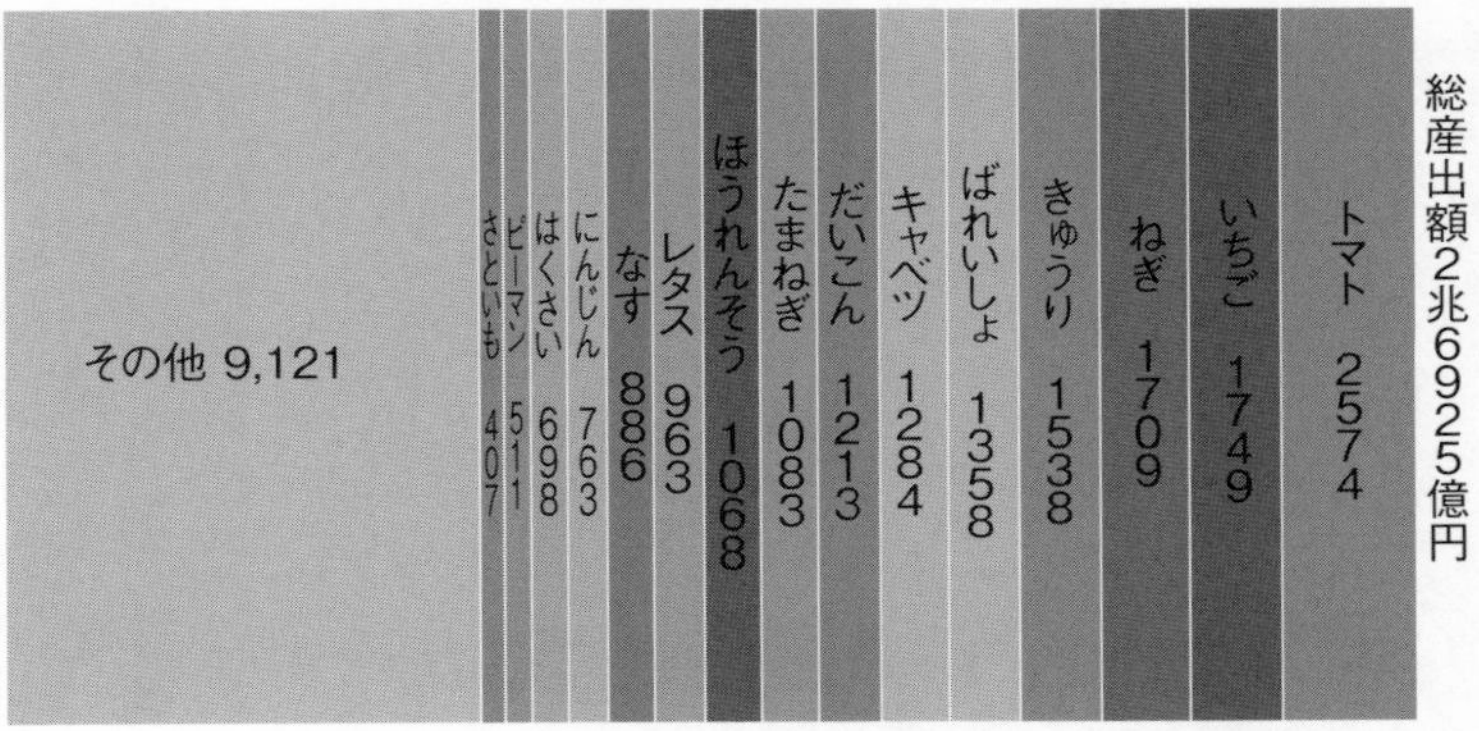

※ばれいしょを含めたため、統計上の野菜の公表額とは異なる
資料：農林水産省『平成28年生産農業所得統計』

主要野菜の世帯当たり（総世帯）消費支出の推移

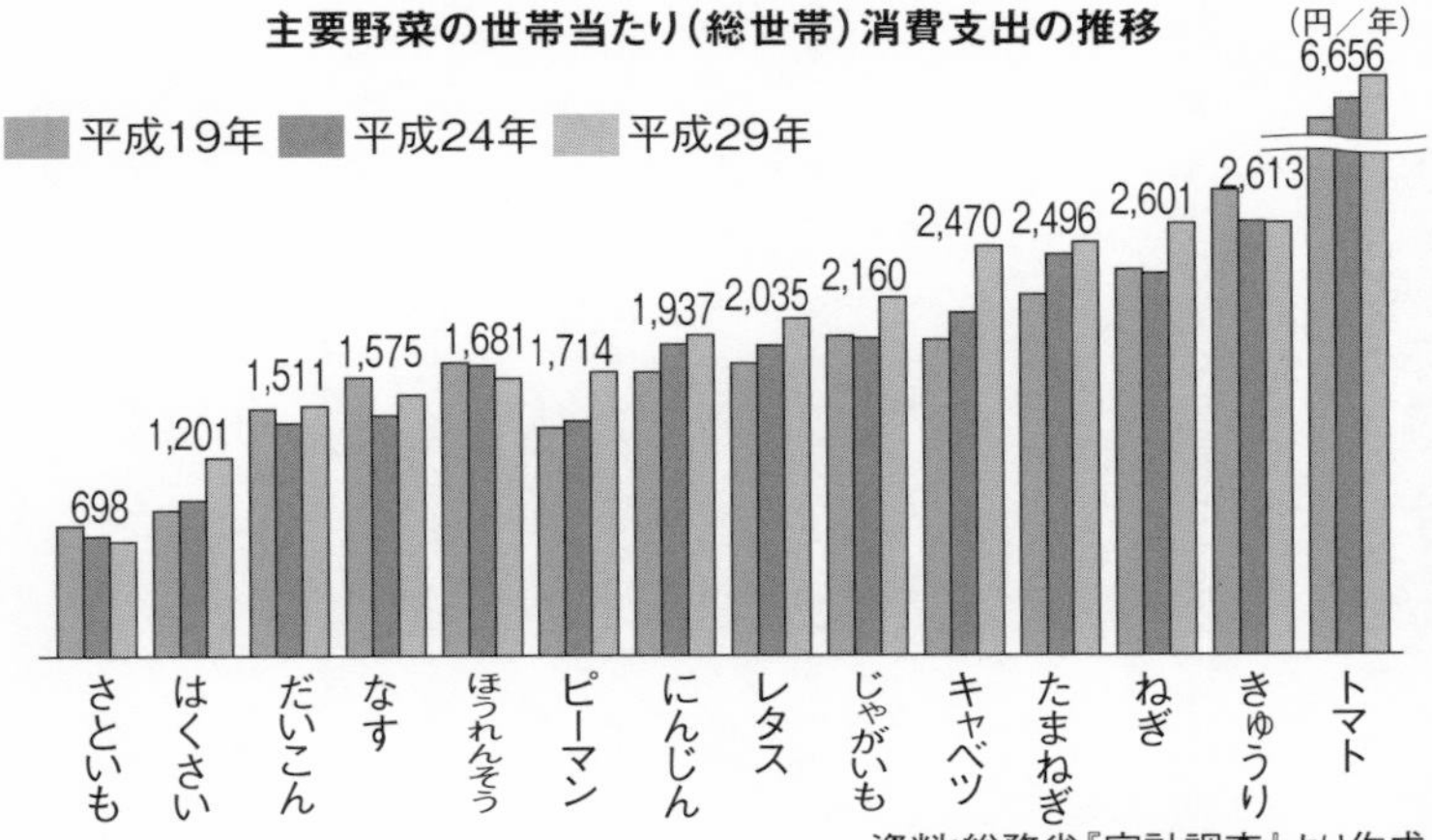

資料：総務省『家計調査』より作成
※農林水産省「野菜の生産・消費動向レポート」（平成31年2月）をもとに作成

消費動向レポート」というものからご紹介しておきます。

ここに出てくる品目は「主要野菜」と呼ばれるメジャーな品目で、そもそもマーケットも大きいのですが、その中でも「トマト」「きゅうり」「ねぎ」は産出額も世帯消費支出も多く、また「いちご」も産出額が多く、特にマーケットの大きさがうかがえます。実際、どこのスーパーに行っても、これらの品目はだいたい並んでいますので、マーケットが大きいというのは間違いないでしょう。

一方、マーケットが小さいものといえば、ここに出てこないような品目になります。例えば、メロン、スイカ、パプリカ、小松菜、チンゲン菜、カブ、ブロッコリー等々……（果樹はおすすめですが、このデータには掲載されていませんので、ここではいったん脇に置いておきます）。

マーケットが大きいトマトひとつとってみても、たくさんの品種や栽培方法があります。もし、**トマトを選ぶという場合でも、その中で競争が少ない隙間マーケットを狙うべきです。**

つまり、どこのスーパーでもよく目にする山盛りになって販売されている「普通の大玉トマト」を目指すのではなくて、甘くておいしいなど、「**品質で差別化できて価格を上げることができるトマト**」を選ぶべきです。

さらには、「**品質の差をつけることができる栽培方法**」を選ぶべきということになります。システム化された養液栽培のトマトなどは数はたくさん採れますが、誰が作ってもある程度の品質にはなるので、差をつけにくくなります。だったら、土耕栽培にして、そこの土でしか出ない味を目指すなど、希少性を高めるべきです。

システム化は、誰にでも失敗が少なくなるかもしれませんが、**あなただけの個性が出しにくくなるという大きな欠点**があります。資金をドンドン投入して設備を拡大して、人も大量に雇用して、生産量を増やして、安価で大量に出荷する方式を目指す方以外は、あまりおすすめできるものではありません。

●品質を価格に反映できる品目を選ぶ

マーケットが小さい品目でも、**とにかく「量」ではなく「品質」で勝負できる（品質を価格に反映できる）品目**を選ばないと苦しくなります。

例えば、小松菜、チンゲン菜、ブロッコリー、カブなどは、なかなか品質の差別化が難しい品目です。確かに、おいしい小松菜とかブロッコリーもあるのは知っています。でも、それが価格に反映されにくいのです。

私の近所では、小松菜はだいたい120円くらいで販売されています。「土と栽培方法にこだわった、とびきりおいしい小松菜です」と言ったところで、せいぜい150～200円くらいです。これ以上になるとなかなか売りにくいのではないでしょうか?

先にもお話ししましたが、私の農園ではいちごを栽培しています。一般的ないちごの場合、卸売市場に出せばだいたい1パック300～400円前後ですが、私の農園のいちごは、1200円くらいでも次々と買ってくださいます。

ということは、極端な話、栽培面積が1/3～1/4でも、同じだけの売上を上げることができるということになります。人手も少なくて済むし、機械設備も減らせます。

このように、栽培品目により、もともとの相場価格に高低があることに加え、品質により差別化して、それを価格に反映できる作物とできない(できにくい)作物があるということです。

つまり、**「量ではなく品質で勝負できる（品質を価格に反映できる）品目」**を選ぶ。これが2つ目の視点となります。

生産量での競争になると、もはや規模の勝負になってしまいます。そうなると、資金力だけではなく、多くの人手も必要です。「兼業で年商1000万円」を目指す我々の方向にはそぐいません。

兼業で年商1000万円を目指すには、

①小さくても、競争が少ないマーケットに参入する
②量ではなく品質で勝負できる（品質を価格に反映できる）品目を選ぶ

この2つの視点がものすごく大事になります。

2. 立地条件からの栽培品目選び

品目を選ぶときに、もうひとつ大事なのが「立地条件」です。**立地に応じた品目を選ぶ**必要があるのです。

私の農園は神戸市西区の都市近郊で、最寄りの電車駅（西神中央駅）からは、徒歩で35分、車で5分ほどのところに位置します。さらに、西神中央駅から神戸の都心部の三宮駅までは電車直通で約30分で行くことができます。西神中央駅の周りには、ニュータウンが広がり、住宅街やスーパー、デパートなどもあります。神戸市西区の人口は約23万人、神戸市の人口は約152万人にもなります。

それにもかかわらず、農園周辺には広大な田畑が広がり、とても恵まれた環境で農業をすることができています。さらに気候も温暖で、大抵の作物は栽培できる地域です。

このような立地ですから、作物の販売に困ることは少なく、車で少し走れば、何でも出荷可能です。一番近くの出荷可能な直売所までは、車で10分ほどで行けます。

このような非常に恵まれた立地条件からすると、どんな品目でも大抵なんとかなると思えるのですが、その中で「赤くてまるい」いちじくといちごをメインにし、農園直売という販売方法にしてきたというのはすでにお話しした通りですが、そこには**競争を避ける**狙いもあります。

どういうことかと言いますと、本当においしい完熟のいちごやいちじくは「輸送しにくい作物」でもあります。**「輸送がしにくい」＝「他の地域から入ってきにくい」**ということで、結果的に競争が少なくなるという理屈です。

さらに、いちじくもいちごも、畑の土を耕して耕作する「土耕栽培」で育てています。だから、「ココ＝繁田（私の農園の字名《あざ》）の土」でしか絶対に出すことができない**オンリーワンの味**になっています。それを農園直売しているのですから、まさに**ココ限定の究極の希少品**になります。

逆に、これが「輸送がしやすい作物」であれば、宅配もありますから、今ほど希少度は上がらないでしょうし、養液栽培で栽培していたら、オンリーワンの味にもなりません。いちご、いちじくの土耕栽培＋完熟農園直売には、こういう狙いも背景にあります。

●市街地から離れた場所での農業におすすめしたい品目とは？

都市近郊農業の方法としたら、私の農園のようなスタイルは、ひとつのモデルになるのかなと思います。

ですが、こんなに恵まれた立地ばかりとは限りません。というより、きっとこんな恵まれたところのほうが少ないでしょう。

例えば、市街地から離れた中山間地域で農業をする場合は、どうすればいいでしょうか。私は実践していないので、はっきりと自信を持ってお話しすることはできませんが、仮定の話として、もし自分ならばどうするかなと頭で考えてみました。

栽培品目としてはおそらく、「マーケットが小さくても競争が少ないもの」「量より品質で勝負できるもの（品質を価格に反映できるもの）」というところはベースとして変えず、そのうえで、**輸送性が高くて、価格帯が高い**ものを選ぶと思います。

少なくとも、輸送費倒れしない価格帯（一件5000～1万円以上程度にできるもの）を狙います。例えば、メロン、マンゴー、ブドウ、リンゴ、サクランボなど。

メロンは追熟（置いておくと甘くなる性質）するので、遠方に輸送するのにも適していると思います。マンゴー、ブドウも、その地域の自然環境を生かして、その地域でしか作れない味を目指し、そこをアピールして、高価格帯でも購入していただけるような顧客層を狙います。

そのうえで、インターネットを使って、都市部のお客さんに通販する方法を目指します。輸送の問題がクリアできるのなら、もしかしたら海外に輸出することを考えてもいいかもしれません。

とはいえ、このあたりは、私が実際に取り組んでいることではないので、あくまで推測での話です。実際に取り組んでおられる農家さんからは「そんな簡単なものじゃないよ」とお叱りを受けるかもしれません。

もちろん私も、言葉にするほど、簡単なことではないとは思っています。インターネット直販の大変さも、多少取り扱っていますので、少しはわかります。でも、これからの時代を考えると、ますます個人と個人が直接つながるであろうことは容易に想像できます。今はウェブサイトやSNSが主流ですが、今後、個人と個人がつながるためのさまざまなサービスも出てくると思います。

これほど「個人」が注目される時代に、**特に小規模個人農家は「個人」相手に商売をする以外ない**とも思えます。

逆に、「大衆」を相手にする商売（大量に生産して大量に市場やスーパー等に出荷する方法など）は、今後ますます一部の巨大企業に占有されてくると思います。上場企業も農業参入できる時代です。だったら、小規模個人農家は同じ土俵で戦ってはいけません。とるべき戦略は、明らかです。

このように、立地条件によっては輸送の面も考慮に入れて、販売戦略も考えて、栽培する作物を選ばなければなりません。また、気候風土などにより、そもそも栽培できる作物が限定されることもあります。

それでも「兼業で年商１０００万円を目指す」のならば、基本的な考え方は同じです。

「マーケットが小さくても競争が少ないもの」「量より品質で勝負できるもの（品質を価格に反映できるもの）」ということになります。

3. 栽培品目の組み合わせを考える

兼業で年商1000万円を目指すにあたり、栽培品目の選定とともに大事なのが、**栽培品目の組み合わせ**です。私の農園の場合は、いちじく、いちご、その他野菜（トマトなど）を組み合わせています。

ちなみに、私の農園の年商1000万円のうち、いちじく460万円、いちご350万円、その他野菜50万円くらいです。「赤まる農園 fruits stand」でのスムージー等の売上は150万円くらいで、メインはいちじくといちごになります。

ここで何をお伝えしたいのかといえば、**栽培品目を分散するメリット**です。以下、3つのメリットを挙げて説明します。

①災害などのリスクを分散できる

農業は自然災害をはじめ、自分ではどうにもならないことも多々あります。仮に1000万円の売上を1品目に頼っていたならば、もし、その年、災害や病害虫などで、その品目の収入がなくなってしまったら、その年の売上はゼロになってしまいます。

栽培品目を分散しておけば、仮に1つの品目がアウトでも、その年の売上はゼロにはなりません。

私の農園では、いちじくといちごに偏っているので、どちらかがアウトになるとかなりの痛手にはなりますが、兼業の売上もありますので、全体としては分散できています。本来はもう1品目柱を増やして、それぞれの品目が300万円程度の3本柱になれば、かなり強固にはなるのですが、それはこれからの課題です。

②繁忙期が分散できるので、最少の人数での栽培が可能になる

農作物はやはり収穫期が最も忙しくなりますので、収穫期が重ならないようにします。

私の農園では、12～5月がいちご、7月がトマト、8～11月がいちじく、といった具合にしています。こうすることで最少の人数で生産することができて、結果、人件費を最小限に抑えられます。私とパートナーの2人以外は、繁忙期に2人ほどパートに来ていただいている程度です。あわせて農業スクール、行政書士もやっていますが、こちらも私とパートナーの2人でやっています。

もし、いちじくだけで1000万円を達成しようとしたら、少なくとも今の2倍の規模にしなければなりません。でも、2倍にして、今の価格ですべて販売可能かどうかはわかりません。もしかしたら、いちじくが余って結果的に価格を下げなければならなくなるかもしれません。すると、さらに3倍、4倍と、どんどん規模を求めていかなければならなくなります。価格も安くなるでしょう。

また、規模を2倍にしたら、少なくともあと2人は必要になり、管理が行き届かなくなって品質が下がる恐れもあります。さらには、規模が大きくなると、作物の栽培管理作業に加えて、畦《あぜ》や圃場《ほじょう》周りといった栽培エリア以外の草刈り、溝掃除など、**売上に直結しない作業も増えます**。

このように、経費が増えて、売上の割には利益が出ない状態になることが予想されます。

作りすぎないという考え方も大事です。だから、私の農園では、今くらいの規模感か、もしくは、いちじくをもう少し減らして、収穫のない6月に収穫できる作物を新たに栽培して、3本柱にするのがベストだと思っています。

③売上がない時期を短くできる

私の農園では6月以外、通年収穫があるので、何らかの売上があがります。これは、事業面でも気持ちの面でもだいぶラクになります。

●品目を分散するデメリットはほぼない

我々が目指す農業からすると、品目を分散するデメリットはあまり思い浮かびません。あえて挙げるとすれば、機械設備が品目ごとに必要になるということでしょうか。

私の農園の例でいうと、いちごはいちごを作るためのビニールハウスとトラクターと専用畝たて機、いちじくはいちじく専用の軒が高いビニールハウスと雨よけビニールハウスがそれぞれ必要になります。

ただ、同じ品目で規模拡大する場合にも、その分、設備は必要になりますから、ほとんどデメリットにはならないとは思います。

その他、デメリットと言えるかわかりませんが、品目ごとに栽培技術を身につける必要があるということが挙げられます。

これも、土づくりや植物の生理・生態など、基本的な部分は共通していますので、基本があれば、大きく困るということはないとは思いますが、それでも、品目ごとの応用を身につける必要はあります。これをデメリットととるか、自分の農業力を高めるチャンスととらえるかは自分しだいです。

4. ターゲットとすべき顧客

我々が目指す農業では、**農作物を販売するターゲット顧客を絞ることが必要**になります。

もし、何千万円、何億円と目指すのでしたら、顧客層を広げて、量も拡大していかなければなりません。どんどん設備投資をして、どんどん人を雇用して、生産をマニュアル化して、誰に対しても平均点以上の作物を作れるようにする方向性がいいと思います。

でも、我々は兼業で年商１０００万円を目指しています。ならば、**「誰にでも60点」ではなく、「あの人に１２０点」の戦略**でいかなければなりません。

これまでお話ししてきたように、徹底的に「味＝おいしさ」を追求して、それを価格に反映させなければ、我々の農業は成り立ちません。そうした作物は、どちらかと言えば、日常的な野菜ではなく、嗜好品になります。ですから、我々は**「味に対してのこだわりが強くて、気に入った作物ならば、価格は気にしないで買っていく」ような顧客**をターゲットにする必要があります。

金銭的に比較的ゆとりがある顧客が多くなってくるとは思います。でも、いわゆる富裕層ではなくても、嗜好品が買えるだけのゆとりがあれば、食や味に対しては躊躇なくお金を使うという方もいますので、一概には言えません。こだわり食材を扱うスーパーや高級スーパーに行く方などがターゲットになります。

●自分のビジネスが成り立たなければ、意味がない

「いやいや、私は食べることに困っている人に、おいしい農作物を届けたいのです」「日本国民の食を支えたいです」などと、志を持って就農する方もいます。テレビや雑誌でも「食料自給率を上げる」とか「食の安全保障」といったフレーズをたびたび目にします。

このような志は大変立派です。私も、そうした想いがゼロということではありません。

でも、はっきり言います。**農業は弱肉強食のビジネスです。**

自分のビジネスが成り立たなければ、食を支えるどころか、逆に補助金（税金）に支えてもらうことになります。あるいは、廃業です。

自分のビジネスを始めたなら、それを成り立たせることこそが社会的な責任であって、それが農業の発展につながって、食を支えることにもつながります。

まずは、自分のビジネス（農業）に集中すること。そして、その他のことは本来、国や行政の仕事なのですから、いったん公務員や政治家に任せておきましょう。

3 量より質の栽培技術

1. 徹底的においしさを追求する

これまでの私の話ですでにお察しの通り、兼業で年商1000万円農家を目指すのなら、とるべき農業のスタイルは「**徹底的に品質を追求して、それを価格に反映させる農業**」しかありえません。

本章2節でもお話しした通り、「品質を価格に反映できる品目を選ぶ」というのが、最初のポイントです。いくら頑張っても値段に上限がある品目では、日頃の努力は報われません。少し付け加えますと、**日常的に食べる野菜よりも、フルーツなどの嗜好品のほうが価格に反映させやすいのは間違いない**です。

特に、その嗜好品が好きな人にとっては、究極的には価格に上限がなくなります。なぜなら、嗜好品は、食べなくても生きていけるものだからです。逆説的に聞こえるかもしれませんが、食べなければ生命を維持できないものは日常的に必要になるので量も必要になります。だから、あまり値段が高いと買うことに躊躇が生まれるし、相場とも比較され、安ければいいという傾向にもなりがちです。

対して嗜好品は、食べなくても生命は維持できるので、大量には必要ではありません。シーズンに数回食べたいと思う程度なので、「高くても良いものを食べたい」という意識が生まれます。

また、その人にとって良ければいいので、他と比べるものでもなく、「ココのいちじくがいい、ココのいちごがいい」となりやすいのです。だから、ある意味、相場は関係なくなるし、**価格の上限はその人の満足度しだい**ということになります。

●お客さんの幸福度を上げる作物を追求するために

結局、その方が求めるものは、食べたときの幸福感でしかありません。幸福感を得るためにお金を出しているので、幸福感の上限と価格の上限は比例します。つまり、**幸福感を上げることができればできるほど価格も上げることができる**ということです。

また、幸福感を与えることができる商品（作物）は、その人にとってのオンリーワンになります。オンリーワンになれば、その方はファンになってくれるし、リピーターにもなってくれます。

繰り返しますが、我々が追求すべき品質とは何かというと、見た目でもなく、大きさでもなく「味＝おいしさ」です。**香り、風味、食感も含めた「味＝おいしさ」**です。それは、おなかいっぱいの幸福感とは違うものです。

だから、**栽培もおいしさという「品質」を追求するための技術**を磨いていかなければなりません。

また、植物は不思議なもので「おいしいものには自然な美しさ」が伴います。だから、おいしさを追求すれば、結果的に見た目も美しくなってきます。絵具で塗ったような赤色とか、ギラギラしたツヤとか、ふくらみとか、まっすぐとか、そういう人工的に作ったような不自然な美しさではありません。

美しさは自然本来が持っているものです。人間も動物ですから、おそらく本能的に自然に美しいものはおいしいと感じるのだと思います。

そして、ここで注意してほしいのは、多くの最新の設備や「スマート農業」などと呼ばれるものが目指すものは、ここでいう「品質」を追求するものではないということです。**ほとんどのものが「生産量」の追求**です。そこに省力化が加わります。

それでも、少しだけ最新設備を擁護すれば、その設備は使う人によっては、使わないよりおいしくなることもあるのは事実です。例えば、CO^2、日射量、水分、養分、温度をコントロールして植物の持つ光合成能力を最大限に引き出そうとしていけば、もしかしたら甘味が増したりするかもしれません。

でも、それには限界があります。おいしくても平均的なおいしさになるはずです。もしかしたら万人受けする味にはなるかもしれませんが、その人にとっての120点にはなりません。結局、科学でわかっていることが100％ではないし、味覚は人それぞれの感性のものだからです。

作り手の感性と買い手の感性が合致して初めて、「120％本当においしい」と思っていただけるし、感動も生まれます。だから、設備に頼って作っているうちは、感性が合致することなんてありえません。設備はあくまでも自分の感性を補助するためのツールでしかないのです。

そして、皆さんに追求してほしいのは、平均的なおいしさではなく、本当においしいと思ってもらえるような感動を生むおいしさです。ハマる人にはハマるし、ハマらない人にはハマらないかもしれません。でも、年商1000万円ならば、それで十分です。

平均的で万人受けするものは、大手企業に任せておきましょう。この少子化の時代、たくさん作れば儲かるというものでもありません。

2. おいしさを追求する栽培技術

私の農業のやり方では、**リピーターがつくかどうかが生命線**で、ある意味「良し悪しの判断基準」でもあります。

正確なデータはありませんのではっきりとはわかりませんが、狩り採り園の入園予約受付のデータでは、半分近くがリピーターの方です。また、直売に買いに来てくださるお客さんもたくさんいます。直売の案内はＬＩＮＥなどのＳＮＳ案内が主です。ＬＩＮＥなどのＳＮＳに登録していただいている方は、一度は農園に来ていただいたことがある方がほとんどですので、直売で買いに来てくださるお客さんの多くがリピーターの方ということになります。

私の農園のいちじくに感動して、お手紙とともに、いちじく狩り採り園のイラストを送ってきてくださった方もいます。毎年、年末に大量に贈答用のいちごを購入してくださるお客さんもいます。シーズンに何回も来園してくださる方もいます。きっと、私の農園の味を好んできてくださっているのだと思います。

とはいえ、私の農業はまだまだ完成したものでもなく、毎年、「これは失敗したな」ということが次々と出てきます。それでも、リピート買いしてくださるお客さんがいるということは、一定の評価はいただけているものと思っています。もちろん、これからも追求していくつもりですし、終わりはありません。

●品質重視の栽培における私の考え方

こんな私の農業ですが、ここで、私の栽培に関する基本的な考え方をお話しします。いずれも「品質＝おいしさ」を追求するためのものです。

①無理やり育てない

生育が悪いと、どうしても栄養が足りないのかなと心配になって、肥料を加えがちです。でも、道に生える雑草や森の木々は、肥料などなくても立派にどんどん育ちます。本来、植物は肥料など与えなくても、立派に育つはずです。

ところが、一般的には、自然のサイクル以上に実を採ろうとします。だから、肥料をドンドン与えて、無理やり育てようとします。こうすることで、確かに「数量」はたくさん採れるかもしれません。でも、我々は「量」ではなく「品質」を追求しているはずです。

植物の体内で消化しきれないほどの肥料を与えると、それは苦味やえぐみの原因にもなる。病気の原因にもなるし、害虫も寄せ付ける。だから、農薬を散布する。ますます味が落ちる……というマイナスサイクルにはまっていきます。

「品質＝おいしさ」を追求するならば、自然のサイクルに合わせた栽培のほうが、絶対に良いものができます。採れる量は少なくなるかもしれませんが、自然な甘さが出てきます。さらには病害虫も減るので、農薬散布を少なくすることができ、その分、味も向上します。

私のいちじく園では、土壌分析の結果や前年の生育、当年の生育状況を見ながら肥料を決めています。その結果、無肥料で通したシーズンもあります。無肥料ではない年も、入れる量はごく微量です。一般の基準値からすると1／10以下です。

いちごも肥料は元肥にごく微量を補ってやる以外、追肥はしていません。天敵昆虫などの技術も駆使していますが、病害虫は大幅に減り、本圃での栽培期間中、ここ3シーズンほどは農薬散布ゼロです。おいしさも上がるし、労力も減るし、良いことばかりです。

②土づくりにこだわる

いちごもいちじくも、毎年シーズンオフには、土づくりを行ないます。畑に堆肥を入れて、土をフカフカにして、土の中の環境（特に微生物の環境）を整えるのですが、入れる「堆肥の質」には徹底的なコダワリがあります。

一般的には、牛糞堆肥、豚糞堆肥、馬糞堆肥など、動物の糞尿ともみ殻などを混ぜて発酵させた堆肥が使われています。私の農園の近くにも、牛や馬の牧場があって、安くて豊富に購入することが可能です。

私のいちじく園にも、最初の数年は、周りの農家や普及所の指導に従い、牛糞堆肥を大量に投入していました。確かに、樹の勢いもついて、一見すると良さそうに思えたのですが、少し雨が降ったり湿気が多くなってくると、とたんに実が腐敗し出します。また、病害虫も多く、たびたび農薬を散布しなければなりませんでした。病気が出たら、農薬散布しても完全に止まることはありません。

そこで、いろいろと調べていたとき、ある記事を見つけました。確か、有機農業で育てている農家の記事だったと思います。そこには、「植物性の堆肥を入れると病害虫が減る」とありました。それで、私の農園でも牛糞堆肥を辞めて、植物性の堆肥に切り替えてみました。効果はすぐに現れて、その年から劇的に変わりました。実の腐りも減り、病害虫も大幅に少なくなりました。

その後、農業スクールで土の専門家の先生に出会い、話を聞く中で、やはり「植物性のほうがいい」ということがわかりました（動物性でも、しっかりと発酵していれば大丈夫です）。

さらには、土壌改良効果の高い堆肥とはどんな堆肥なのか、堆肥の原料として、どんな植物がいいのか、発酵の方法、発酵種菌、堆肥の作り方などを教えていただきながら、今では、自分の農園に適した堆肥を自分で作っています。

土づくりは、作物を育てるうえでは、土台となる技術です。そして、年々、技術が積み上がっていき、土も良くなっていきます。ここを疎かにしていては「品質＝おいしさ」を上げることは、決してできません。

また、「品質＝おいしさ」を追求するならば、地べたの土を使った土耕栽培でなければ限界があると思われます。というより、「オンリーワンのおいしさを追求するならば」と言い換えたほうがいいかもしれません。

そもそも、あなたが農業をする「その土」は、その場所にしかない唯一のものです。それを使うからこそ、その土地ならではの味が出て、あなたが手を加えるからこそ、あなただけの味になるものだと思います。

どこでも栽培できる水耕栽培やポット栽培など「その土」を使わない栽培方法の場合、その土地ならでは、あなたならではの味を出すにも限界があります。どうしても万人受けする平均的な味になりがちです。土耕栽培で、あなたならではの土づくりを行なう意味はここにあります。

③植物のことをよく知る

基本的には、日々の観察に勝るものはありません。葉の様子、実の様子、樹の状態、土の状態は、日々刻々と変化しますので、その変化を常に観察することが基本です。また、周りの自然、天気、気象などにも気を配ります。変化にいち早く気付けるかどうかで、その後の生育も相当変わってきます。これがまず何よりも大切です。

そのうえで、いちごならばいちごのこと、いちじくならばいちじくのことを深く研究し、さらには植物全体の生理・生態にも基本的な知見が必要です。

自然界の中で、科学や学問でわかっていることは、ほんの限られたことでしかありません。それでも、「どうすれば元気に育つのか」「どうすればおいしくなるのか」について、ある程度は科学的にも知っておく必要があります。

これらを知ったうえで、日々、植物と相対して観察して、手当てをしていく以外、「品質＝おいしさ」を追求する道はありません。

4 販売法と設備投資の考え方

1．農園直販は最強で究極の販売法

私の農園では、就農当初から5年目までは、主に直売所やスーパーに出荷するだけでした。しかし、価格の安さとともに、お客さんの反応がまったく見えないもどかしさ、たくさん採れたときに買ってもらえない買取契約などで、「このままだと、農業が嫌になる、続けていけない」と感じ、6年目から少しずつ直販にも取り組み始めました。

そして7年目に、直販をするための方策として狩り採り園を開始。これがヒットして一気に直販比率が上がり、8年目以降は90%近くが農園直販で販売できるようになりました。

それとともに売上も安定し、10年目に年商1000万円を突破することができました。

スーパーとの契約では、いちじくの買取価格は1パック350円前後、店頭価格が500円前後。これ以上になると売れないと言われていました。それが、今は1000円前後でも次々に買っていただけます。

これは何なのか？　とも思いますが、やはり農家自身がお客さんと直接話をして、農園も見てもらって、味わっていただかないと、本当のところは伝えられないものだと実感します。そして、本当のところを伝えることができれば、安心して買っていただけるし、信頼関係も生まれるし、価格にも反映できます。

私も最初は、500円を超えると売れないかなと思っていて、直販でも500~600円くらいで販売していたことがあります。でも、これだと私の農業のやり方では数も採れませんし、採算が合いません。それで7年目、狩り採り園のオープンとともに、思い切って値段を上げてみました。

それでも、まったくお客さんは減りません。むしろ増えました。

こうして見ると、**価格は、スーパーや直売所そして世間一般からの刷り込みが強い**ように思えます。

例えば、「いちじくは500円でなければ売れない」という刷り込み。でも、私の農園のいちじくは、他のいちじくとは違います。オンリーワンです。だから、価格も自由に決めていいはずです。そう考えて、自分の中の刷り込みという壁を取り払うことで、一気に世界が広がりました。

いちじくに限らず、多くの農家が作物の価格を気にしすぎのような気もします。案外、お客さんは価格をあまり気にしていない感じもうかがえます。それよりも「おいしいものをください」ということなのです。

我々の目指す農業では、こういうお客さんをターゲットにしていますから、そもそも、これ以外のお客さんは、買いに来てくれないというのもあります。

やはり、農家が自信を持って「この価格で買ってください」と言うべきではないでしょうか。汗水流して、精魂込めて、一生懸命に作っているのですから、続けていけないような価格で販売していたら誰も報われません。もっと堂々と「この価格じゃなければ売らない」というくらいの農家が出てきてもいいのではないかなとも思います。

●農園直販は最強の販売方法

私の農園の場合、農園直販ですから、出荷のために車に乗っていちじくを運ぶといった必要もありません。以前は、出荷のたびにパック詰めして、車で運んでいたことを考えると、このメリットも大きいです。

価格も上がって、運搬もいらない。しかもお客さんの反応を直で見ることができる。**農家にとって農園直販は最強で究極の販売方法**だと思います。

皆さんにもぜひ、農園直販に取り組んでいただきたいのですが、そのためにはいくつかポイントがありますので、これから順にお伝えします。

①自信がない作物は販売しないこと

「これ、おいしいのかな?」と思うような作物ならば、直販で販売しないほうがいいです。直販は、よくも悪くも「農家の顔が見える販売」です。その分、安心感を与えることもできますが、逆に逃げ道もないということでもあります。すべての責任は自分だけにかかってきます。

中途半端な作物を販売してガッカリさせたら、楽しみに買いに来てくださるお客さんを裏切ることになります。すると、二度と買いに来てもらえなくなりますし、評判も下がります。

直販では、リピートしてくれる常連さんにつながらないと商売にはなりません。そして、常連さんからの紹介でお客さんが広がっていくものです。

もし、自信がない作物ができて、それも販売しなければ苦しいのであれば、「これは、あまり出来が良くありません。その代わり、価格を安くしておきます」と正直に伝えることが大切です。とにかくお客さんとの信頼を第一にすることです。

とはいえ、就農したての場合、栽培に自信がないのは当たり前です。ある程度、自分で納得できる味になるまでは、農園直販には取り組まないほうがいいかもしれません。というのも、先にお話しした通り、良くも悪くも「農家の顔が見える販売」です。悪い方向にいくと、ここの農園の作物はおいしくないという評判が立つ可能性があります。こうなると、いくらおいしいものができても、一度ついた評判を取り返すのは大変なことです。

②自分で納得ができる味になるまでは、直販に取り組まないこと

新規就農者でよく見かけるのですが、パッケージやロゴ、お店の雰囲気で、いかにもおいしそうに見せて販売している方もいます。本人はブランド構築などと考え一生懸命なのかもしれませんが、中身が伴っていないうちに集客してしまうのは、大変危険です。

最初の1年目あたりは初回のお客さんが来るかもしれませんが、本当の勝負はここからです。良かれと思ったブランドが、お客さんからしたら表面だけの「おいしくないブランド」として、逆に記憶に残ってしまうかもしれません。

それに、本物のブランドはお客さんとの関係でできることであって、**お客さんが決めることです**。単にパッケージをきれいにするとか、ロゴとか、ネーミングを作ることがブランディングではないはずです。中身が伴って、お客さんの評価があって、初めてブランドになるものです。これは肝に銘じておくべきです。

③農園をオープンにすること

これはどういうことかというと、その作物を栽培している農園をお客さんにも見てもらえるようにしておくということです。私の農園のように狩り採り園でもいいですし、見学会を開催してもいいかもしれません。そうすることで、お客さんの安心感につながって、より強固な農園ファンづくりにもつながります。

そのためには、常に農園はお客さんに見てもらうことを意識しておく必要があります。ビニールハウスの裏手に、使い古したビニールの残骸や、古くて動かなくなった機械などがいっぱい置いてあったり、農園の周りが草だらけだったりといった光景を見かけることがありますが、もちろん良くありません。誰が見ているかわかりませんし、そんな環境で育った作物を食べたいとは思いません。日頃からの心がけも大事です。魂は細部に宿るものとはよく言ったもので、こういう細かな心がけこそ大切です。

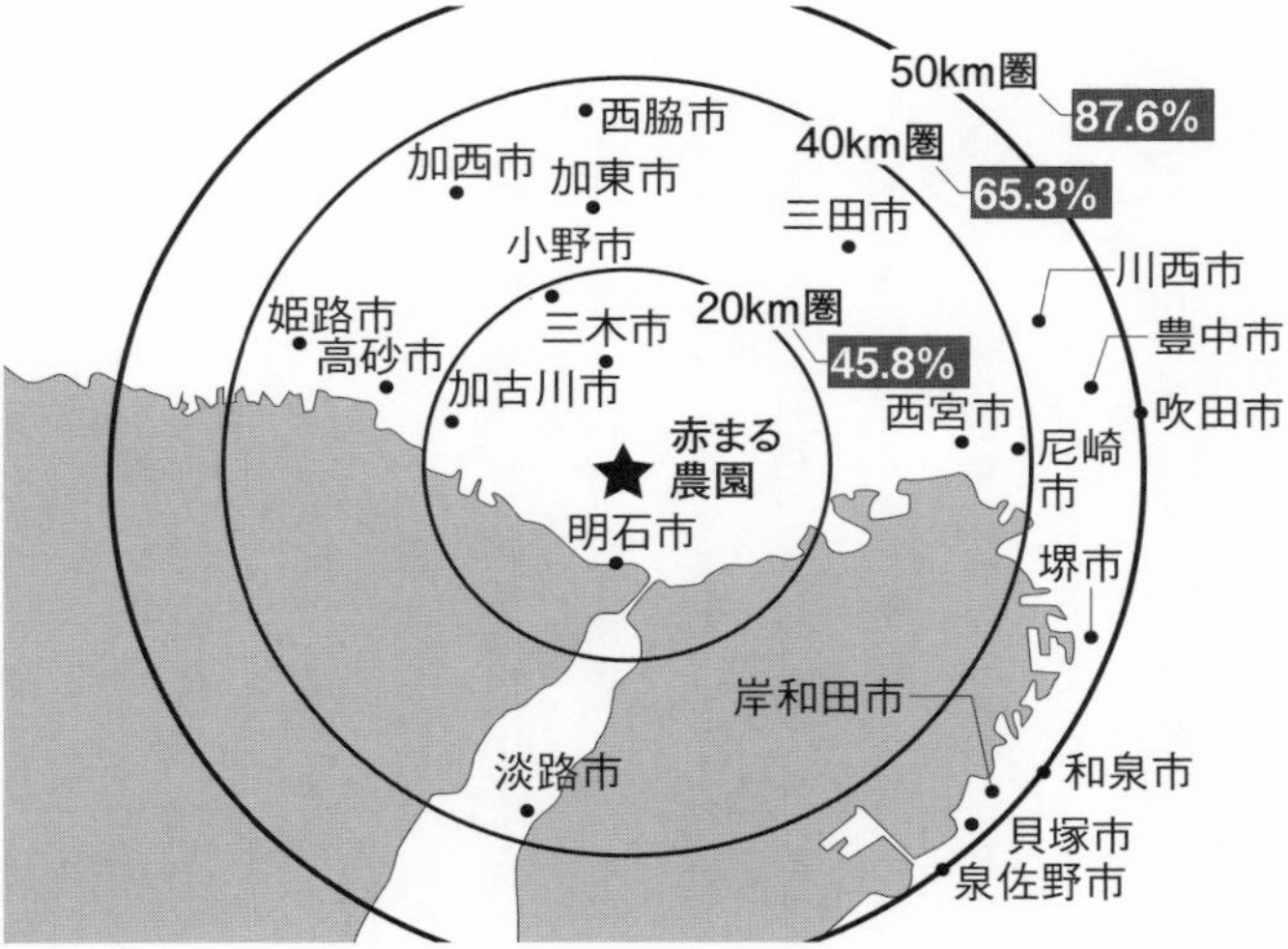

④立地条件を考える、調査する

インターネット販売ではなく、お客さんに直接農園に買いに来ていただく場合、立地条件というのは大きな要因になります。

私の農園の場合、約65％のお客さんが40km圏内からの来園です。50km圏では約87％にもなります（2022年度のいちじく園への来園者データ）。農園直販はリピーターが命ですから、あまり遠いと何度も来園しにくいかもしれません。車で1時間以内くらいというのが目安のように思います。

ですから、新規就農でこれから農園を探す方は、農園の圏内にどのくらいの人口がいるのか、ターゲット顧客がいそうかどうかも調べたうえで、農地の場所を探してみてください。

それでは、栽培に自信がない新規就農者は、どうやって販売すればよいでしょうか。最初は、直売所や道の駅など、委託販売（売れた分だけ手数料を支払う契約形式）で出荷するのがいいと思います。そこでも、やはり良いものは売れるし、ダメなものは売れ残ります。

売れ残っても自分の責任ですから、お店に迷惑をかけることもありません。そこで地道に売れるように努力改善をしていくことで栽培技術も上がり、リピートのお客さんがついてきて、だんだんと売れる数も増えていくようになります。しっかりと売れるようになったなら、その段階で直販に取り組めばよいと思います。

ところが、多くの農家は、売れるようになってくると、スーパーなどの大口の取引先を探しがちです。買い取りであったり、数がたくさん出たり、一見すると売上が安定するように見えるからです。

でも、繰り返しますが、そうした販売方法は我々が目指すものとは違いますし、スーパーへの出荷で安定したと思っていても、取引先の都合で契約がなくなるのはあっという間です。そして、お客さんがついたと思っていても、それは**取引先のお客さんであって、**

あなたのお客さんではありません。だから、同じ時間をかけて構築していくのであれば、スーパーなどの取引先ではなく、直接、その作物を買ってくださる本当のお客さんとつながるべきです。

いきなり100％直販というのはなかなか難しいところもあるので、少しずつでも直販比率を増やしていって、最終的には100％を目指してください。そのほうが絶対に安定します。

農園直販という小売りの大変さはありますが、それを差し引いてもメリットのほうが大きいです。年商数千万円、数億円を目指すレベルであれば、数が多すぎて難しいかもしれませんが、我々が目指す年商1000万円ならば、十分に対応可能です。

お客さんにとっても、直接農家とつながるメリットは大きいと思います。今は、個人と個人が直接つながることができる時代で、ツールもたくさんあります。農園直販に取り組まない手はありません。

2. おいしさを追求する農業＋農園直販スタイルが最強

年商1000万円を目指すといっても、経費が膨大にかかっていたのでは、まったく意味がありません。

農業では、量を追求すれば、年商は案外大きくできるものです。従業員を雇用して、大量に生産して、大量に市場などに出荷すれば、売上は増えます。でも、量を追求すると、機械や設備費だけではなく、人件費をはじめ、どうしても経費は大きくなりがちです。

私が推奨する量ではなく品質を追求する農業では、農業年商1000万円を達成しながら、経費も驚くほど抑えることができます。**実は、おいしさを追求する農業は、経費を少なくできる**という、一挙両得の側面があるのです。さらに、農園直販ですから、手数料や輸送費がほぼ必要なくなります。

経費一覧比較表

経費項目・作物	いちじく（約2000㎡）		いちご（約500㎡）	
	私の農園	経営指標	私の農園	経営指標
種苗費	0	0	約5.1万	約２万
堆肥代	約9.6万	約12.8万	約9.2万	約４万
肥料代	約0.6万		約1.3万	
農薬代	**約0.7万**	**約7.7万**	**約0.8万**	**約1.5万**
出荷費、資材費、他	約3.5万	約27.9万	約30.7万	約35.6万
燃料代	約0.5万	約1.6万	約0.5万	約6.3万
販売手数料	**約5.6万**	**約47.4万**	**0**	**約22万**
合計	約20.5万	約97.4万	約47.6万	約71.4万
経営指標との差異		−78%		−33%

具体的に、私の農園の経費について兵庫県の農業経営指標と比較しながら、ご紹介します。上図にまとめましたので、ご覧ください（経営指標の数字は、私の農園の面積に換算しています）。

いちごの種苗費は指標より高くなっていますが、これは指標の品種より最新の品種を採用していることなどにより、親苗（いちごは毎年、親苗を購入して、親苗から畑に植え付ける苗を増やしていきます）の単価自体が約2・5倍になっているためです。肥料代自体は少ないのですが、土づくりに力を入れている関係で堆肥代は落とせません。農薬代は少なくなります。

また、農園直販なので、出荷費や販売手数料は大幅に削減できています。

いちじくは、栽培にかかわる資材はほぼ必要ありませんが、いちごはマルチシートや防草シートなどを毎年更新するので、このあたりはなかなか削減できていません。この辺はまだ課題もあります。

それでも結果的に、**いちじくで約78％減、いちごで約33％減と大幅に経費を削減**することができています。

このように、「おいしさ」を追求する農業は**おいしさにつながるのはもちろん、結果的に肥料や農薬も減らすことができます**。植物の生態をよく知ることで、必要な時期に必要なだけ肥料を与えればいいことがわかりますし、土づくりが進むことで、肥料自体少なくても十分に育ちます。前述の通り、無肥料で通したシーズンもありますし、入れてもごく少量です。

また、土づくりを徹底し、自然のサイクルで育てることで、病害虫の発生が少なくなり、農薬散布も極限まで減らせます。これも前述の通り、ここ数シーズン、いちごは栽培期間中、農薬散布ゼロです。いちじくもシーズン3回ほどで済みます。

さらには土づくりが進むと地温も温かく保たれるため、私の農園のいちごは加温すらしていません。加温しないことで、自然のサイクルでじっくり熟すことになりますから、より濃厚な味になります。

一方で、無理に量を追求すると、本来、植物にとっては必要のない肥料を与え、その結果、栄養過多になり、病害虫が発生しやすくなるという悪循環サイクルに陥りやすくなります。私の栽培方法では、もちろん比較すると収穫量は少なくなるのは間違いないのですが、量より質を追求し、1品1品を大切に販売するので、これで十分です。

それでも、土が良くなってくると、自然と収穫量も増えます。実際、私の農園のいちじくは、年々収穫期間が長くなってきていて、当初は10月上旬で終わっていたのが、今では11月末まで十分に収穫できます。周りの農家は、だいたい10月中で終わっているのを考えると、土の持つ力（保温力アップ）を感じざるを得ません。

その他、次ページ図に売上の比較もまとめておきます。いちじくで約26％、いちごも50％売上がアップしています。

売上の比較

作物	いちじく（約2000㎡）		いちご（約500㎡）	
	私の農園	経営指標	私の農園	経営指標
売上	約460万	約364.8万	約350万	約234.1万
経営指標との差異	+26%		+49.5%	

これはあきらかに**販売価格の違い**からきています。

・いちじく指標　約４５０円／kg　→　私の農園　１８００円／kg（約４倍）
・いちご指標　約１１００円／kg　→　私の農園　４３００円／kg（約４倍）

と、これだけ違います。でも、単価４倍だから売上も４倍になるかと言えば、そうでもなく、量より品質を重視していますので、収穫量は少なくなります。

まとめると、**おいしさを追求する農業＋農園直販スタイルは、結果的に経費が下がって、売上が上がるというすごいことが起きています。**

これは、いいこと尽くめの最強の農業だと確信しています。

3. おいしさを上げる設備投資

本節の最後に、設備機械投資についての考え方のお話をしますが、その前に私の農園の設備機械投資について、あらためてまとめておきます。

導入年度順に金額と内容をまとめてみますと、

２０１２年度　約１００万円　最初のトラクター
２０１３年度　約１５２万円　軽トラックと作業スペース（パイプハウス）
２０１５年度　約１７１万円　用具置き場と農業スクール用パイプハウス
２０１６年度　約１３０万円　いちご用パイプハウス
２０１７年度　約１８０万円　いちご用パイプハウス、いちご用高畝成型機
２０２１年度　約７００万円　いちじく用パイプハウスと重機、乗用モア

私の農園の設備機械投資

機械設備名	数	金額（概算）	用途作物	導入年
トラクター・24ps	1台	約1,000,000-	全作物＆スクール	2012年
軽トラック	1台	約900,000-	全作物＆スクール	2013年
パイプハウス18m	1棟	約620,000-	いちご	2013年
パイプハウス30m	1棟	約1,040,000-	スクール	2015年
パイプハウス18m	1棟	約670,000-	全作物＆スクール	2015年
パイプハウス40m	1棟	約1,300,000-	いちご	2016年
パイプハウス40m	1棟	約1,200,000-	いちご	2017年
高畝成型機	1台	約600,000-	いちご	2017年
ユンボ2t	1台	約1,000,000-	全作物＆スクール	2021年
乗用モア	1台	約1,000,000-	全作物＆スクール	2021年
パイプハウス30m	2棟	約5,000,000-	いちじく	2021年
雨よけハウス26m	4棟	約1,800,000-	いちじく	2022年

合計　約16,130,000-

２０２２年度　約１８０万円　いちじく用雨よけハウス

合計約１６１３万円になります。

私の場合、なかなか思い切りがつかなかったのと、最初、資金的にも苦しかったので、少しずつ最低限の投資で切り抜けてきて、農業が軌道に乗り自信がつくにつれ、投資を増やしてきた感じです。

かなり手堅く慎重に投資をしてきたのは事実です。ある程度、栽培にも自信がついて、こうすれば稼ぐことができるという、自分なりの確信を得てから投資するようにしています。

合計の投資金額でも約1600万円で、非常におおざっぱですが、これを10年償却（設備機械の種類、中古、新規で異なります）として10で割れば、年間160万円くらいの経費（減価償却）ということになります。

1000万円の売上に対し、160万円の経費（減価償却費）であれば、十分合格ラインには入っているのではないでしょうか。さらに私の場合は、農業スクールでも機械設備を使用していますから、十分と思えます。

●設備投資は要不要が自分で判断できるようになってから

私のこのやり方が正解かどうかはわかりませんし、あまり褒められたものでもないかもしれません。本章2節でお話しした通り、私の場合、最初、栽培する品目も決まらず、できるものを手あたりしだいに栽培していたところもあるので、不必要な投資もあるし、ずいぶんと遠回りもしています。その結果、融資を受けたいと思ったときに実績がなく、何度も断られたという話もすでにしました。

結果論かもしれませんが、もし最初から、ある程度栽培する品目を決めることができて、就農時の自己資金があるうちに融資を受けて、しっかりと設備投資をすることができたなら、その分、立ち上がりも早かったかもしれません。何が正解かはわかりません。

でも、10年農業をしてきて、あらためて言えることは、「**設備機械への投資は必須だが、バクチではなく、必ず投資にすること**」。そして、「**量より質を上げるために必要な投資であること**」です。

投資とは、お金を生み出すために必要な資産を増やすことに他なりません。例えば、いちごある品目を栽培するためには、最低限必要となる機械設備はあります。でも、高設栽培用の棚ならば、最低限、栽培するためのパイプハウスは必要になります。でも、高設栽培用の棚やプランター、養液を供給するための設備、CO_2発生器、スマート農業関連の設備、加温機（地域によります）などは、絶対に必要というわけでもありません。これらは、どちらかと言えば、「量」を生み出すためのものです。

私の農園のいちごハウスは、本当にシンプルです。間口5・4mで長さ40mのごく一般的なパイプハウスです。土耕なので、高設栽培用の棚やプランターはありませんし、養液を供給する必要もないし、CO_2発生器などもありません。加温機すらありません（これは神戸市西区が温暖で、かつ土耕栽培だからです）。ただ、病害虫をふせぐための紫外線ランプは設置しています。病害虫が発生すると農薬散布が必要になり味も落ちるからです。スマート農業関連は、温度で自動開閉するハウスサイドビニールの自動巻き上げ機はつけました（これに関しては、私たちの作業負担の軽減のためですが）。

ただ、このあたりの知識は、ある程度経験がないと身につかないかもしれません。最初のわからないうちは、最低限の設備投資で済ませておいて、**自分で「いる、いらない」の判断ができるようになってから追加していけばいい**と思います。

間違っても、業者の言いなりにならないようにしましょう。自分で「いる、いらない」の判断ができない状態での投資はバクチと一緒です。同様に、人がすすめるからというのも避けたほうがいいです。必ず自分で判断するようにしてください。

いちじくは最初、露地栽培から始めています。今も露地のエリアもありますし、露地でも十分に栽培は可能です。ただ、露地だと、雨が降ると実が痛みます。特に、私の農園は樹上完熟採りですので、実がトロトロの状態まで、収穫せずに樹に実らせておきます。

この状態の実は特に雨に弱くて、せっかくいい具合の実ができたと思っていても、雨にあたると、とたんに品質が下がってしまいます。栽培をしていくうちに、もう一段、品質を上げるには露地栽培では限界があるということもわかってきました。また、品種によっては露地栽培に向かないものもあるということもわかりました。

こういう経験や知識を得たうえで、いちじく専用パイプハウスや雨よけハウスを建てました。随所にいちじく栽培に適した仕様を盛り込んでいます。

最初からでは、どんな仕様がいいのかなんてわかりません。経験や知識があったから、できたものです。「こんなおいしいいちじくができれば、お客さんが喜ぶ」ということと、ある程度の売上の計算をして、かなり明確に見えるようになってからの投資です。

農業でも、機械設備への投資は必要不可欠です。どこにお金を使えば収入を得られるか、常に考えるのが経営者の役割でもあります。

5 スタートアップをスムーズにする就農準備と手続き

1. 事前準備で取り組んでほしいこと

本章の最後に、これまで提唱してきた、兼業で年商1000万円を稼ぐ農家になるための第一歩、事前準備から就農手続きまでのステップや注意点、大事なポイントなどをお伝えします。

具体的には、「**事前準備→農業研修→農地探し→営農計画づくり→就農手続き**」という流れになります。

私の農業スクールへ受講に来られる方から、たびたび聞かれます。

「受講前に何かしておいたほうがいいことはありますか?」
「読んでおいたほうがいい本はありますか?」
「何か資格を取得したほうがいいでしょうか?」

これに対して、私は、こうお返しします。

「**感性を磨くようにしてください**」

すると、ほとんどの方は「何を言っているのか?」「この人は大丈夫か?」といった感じで、ポカンとします。でも、私は本気でこう思うので、そのままお伝えしているまでです。

今、大抵の方は、パソコンの前に座って画面とにらめっこしたり、メールしたり、機械の前で作業したり、あるいは商談したりして仕事をしています。仕事ですから、求められるのは結果であり、それもわかりやすく数字で客観的に判断できるもので、かつスピードも求められます。合理的に最速で数字に見える最高の結果を得るために、頭の中では、計算や論理的な思考ばかりを優先します。

こんなときには、どちらかと言えば、感性で判断することは避けるようになり、むしろ感性は邪魔な存在になっているかもしれません。例えば、資材を購入する部署の人が「なんとなくこっちのデザインや雰囲気が好きだから」といって好きなものばかり発注してたら、きっと「あなたの好みなんかどうでもいいから、コスパの良いほうを発注しろ！」と上司に叱られますよね。

そのため、「資格をとれば、誰から見ても客観的にわかるから、きっと農業の役に立つ資格もあるはず」「何か本を読んだら、最短で農業がわかるのではないか？」というふうに、つい理屈から入って、合理的で最速の結果を求めがちになります。

もちろん、資格が役に立つこともありますし、さまざまな本を読んで、さまざまな人の考えや経験を知るということは大事なことです。でも、それはあくまでもほんの一部でしかなく、本当に農業で必要な核となる部分にはなりえません。

私がお伝えしている農業は「おいしさ」を追求する農業です。**「おいしさ」という科学的、客観的な基準がない感覚である「味覚」を最終的な目標**としています。だから、求められるのはその「おいしさ」を正しく感じることができる感性であって、数字で客観的に判断できるものではありません。そもそもこれが備わっていないと、ゴールが見えないまま延々と走り続けることになります。

私が「感性を磨いてください」とお伝えしているのには、そんな理由があるのです。

●自分の感性を磨く方法

では、具体的にどうすればいいかというと、まずは本章2節でお伝えした、**ターゲットとなる顧客が好んで食べているものを自分でも食べる**というところがスタートになります。

おいしさを追求する農家が、コンビニ弁当やファーストフードばかり食べていたら、というてい我々が求める「おいしさ」には届きません。確かに、コンビニ弁当やファーストフードにもおいしいものもありますが、そのおいしさは、ターゲット顧客が求めているおいしさとは違うものです。我々はまず、**ターゲット顧客のおいしさの基準を知る**ことが必要なのです。

我々は、こだわり食材を扱うスーパーや高級スーパーに行くような人をターゲットにするのですから、例えば、そういったお店で売られている「いちご」や「いちじく」「メロン」などを購入して、味を確かめておきます。すると、ターゲット顧客が好むおいしさがわかりますし、さらに、この味なら、このくらいの金額で販売可能なのだなというような感覚も身についてきます。

これはある意味、マーケットリサーチでもあり、自分の感性（味覚）とターゲット顧客の感性（味覚）を合致させられるようにする訓練でもあります。感性の合致が１２０％のおいしさを生むとお伝えしましたね。

その他、植物を育てるときも、作物や自然環境の変化にいち早く気がつかなければなりません。それは視覚や聴覚だけでわかるものでもなく、触った感じ、匂い、そして雰囲気も含めた六感をフルに活用しなければなりません。

これらを捉えられるようになるためにも、感性を磨く必要があります。

そのためには、**積極的に自然の中に身を置いて、体を動かすのがいい**のかなと思います。そして、人間も植物や動物と同じ生き物であるという認識を持って、同じ目線で見られるようにならないと、きっとうまくいかないのかなとも思います。頭ばかり使うのは、やめたほうがいいかもしれません。

お客さんと感性を合致させるためにも、植物の変化を察知するためにも、自分自身の感性を磨くのはものすごく大事です。そして、これは農業を始めてからも、ずっと磨き続けなければなりません。**我々の目指す農業は、科学では測りきれない領域のものがゴール**なのですから、必然なのです。

2. 農業研修を受ける

農業を始めるには、基本的には農地が必要になります（「基本的には」というのは、農地でなくても農業はできるからですが、このあたりは法律の分野になりますので、本書では割愛します）。

そして、農地を使うには、農地を使うための権利が必要で、利用権や賃借権、所有権などになります。農地にこれらの権利を設定しようとする際には、「**農業委員会**」と呼ばれる農地関連の行政事務を扱う役所の窓口（機関）に申請をして、許可を得なければなりません。

許可を得るためにはさまざまな要件（条件）がありますが、その中で「この人はきちんと農業を継続していくことができるのか（本書では、わかりやすく簡潔に説明しています)」というものがあります。そして、これを証明するため、市町村によって詳細は異なりますが、「**一定の研修を修了していること**」を要件にしているところがほとんどです。

例えば、神戸市では、原則として「県の研修機関や先進農家等での就農研修を1年以上かつ1200h以上受講して修了しなければならない」と定められています。詳しくは第5章2節でお話ししますが、2021年秋に、兼業農家等を増やす制度として「**ネクストファーマー制度**」という新たな制度が誕生しました。要件が緩和され、市認定の研修機関で100h程度の研修を修了すれば、1000㎡未満の農地であれば借りることが可能になり、就農までのルートが増えました。

いずれにしても、神戸市で就農するには、農業研修を受けることが必須になっています。

他の市町村では、明確に研修修了を要件としていないところもありますが、それでも、一定の栽培技術があるかどうかは何らかの形で問われます。**就農手続き上も、農業技術や知識を身につけるための取り組み(研修など)は、ほぼ必須**になっているのです。

新規就農の流れ

神戸市農業委員会　令和5年4月
<参考>

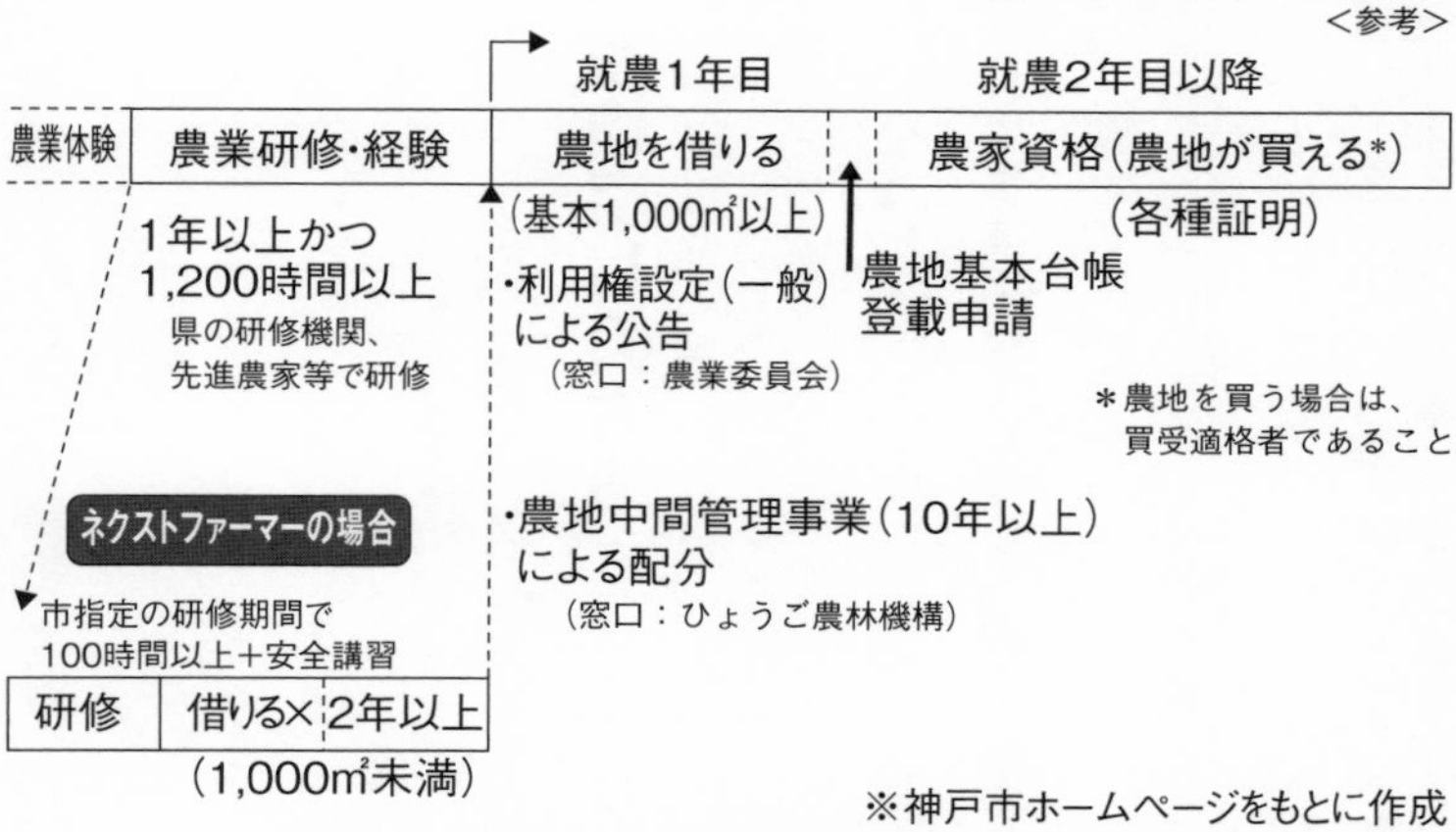

※神戸市ホームページをもとに作成
https://www.city.kobe.lg.jp/a38784/sinkishuunoushamuke.html

●就農の要件に研修がある理由

農業は、人の食に関わる仕事で、人の健康や安全にも直結するものですから、より慎重にならなければなりません。

栽培や農業経営に関する技能、知識を習得することはもちろんですが、正しい肥料や農薬の知識や使い方、パッケージへの表示方法、販売方法など、農作物を買う人の健康や安全を守るための基本的なルールはしっかりと身につける必要があります。

さらには、大きな機械も使いますから、自分や家族、従業員の安全のためにも、機械を安全に使うための知識、技能も必要になります。

このように考えると、就農を考えたとき、まず研修を受けることは必須であって、大切なステップになります。

3. 農地探しの方法

本章1節でもお伝えしたように、農地はどこでもいいというものでもありません。**兼業農家として農業年商1000万円を達成しようと考えたとき、条件の良い農地を見つけることは、最初の大切な取り組み**です。

なるべく条件が良いところを選ぶべきです。

どこでもいいというのなら、すぐに見つかるかもしれませんが、諸々の条件を考えると、農地探しにはある程度時間がかかります。

すでに就農することを決めていて、農業研修に1年かけて、1年後に就農を目指すのであれば、研修開始と同時に農地探しに取り組み始めるくらいでもよいと思います。農業研修してから就農するかどうか決めようと考えているのならば、決意できた段階で始めてみてください。

農地を探すときの条件としては、立地、日当たり、土質、排水性、水など、項目を挙げればきりがありません。その中で、土質、排水性、水などは、最悪、農業を始めてからでも、土づくりを頑張ったり、井戸を掘ったりすれば改良できる可能性はあります。実際、私の農場でも、排水が悪く苦労したことは前述の通りです。年数はかかりますが、毎年良質な堆肥を入れることで、見違えるほど改善しました。

ただ、**立地と日当たりは、どうにもなりません**。まずは、立地と日当たりを優先して探すとよいと思います。

立地は、都市近郊が圧倒的に有利ということは、すでにお伝えした通りです。159ページの「④立地条件を考える、調査する」も参考にしてください。

●農地は自分主導で探そう

農地探しについては、決まった方法はありません。不動産屋さんではほとんど取り扱っていないので、研修先の農家に聞いてみるとか、役所に相談するとか、農地バンク（遊休農地などを仲介する公的な機関）を利用することなどが考えられます。

ただ、農地探しも第3章1節でもお伝えしたように、**他人主導ではなく自分主導で動かなければ、なかなか良い物件には出会えません**。「このあたりの農地がいいな」と思ったなら、その辺の農地を自分で調べて、自分で地域の方に相談するくらいの積極性があってもいいと思います。現に、就農前に名刺を作って、地域に配り歩いて農地を探したという強者もいました。

農地探しから、すでに農業は始まっているのです。

4. 営農計画づくり

営農計画というのは、事業計画とイコールです。起業する際の事業計画と同じく、「**誰に（WHO）、どうやって（HOW）、何を販売するのか（WHAT）**」という事柄が中心になります。

これも第3章2節「栽培品目選びとターゲット顧客」、第3章4節1項「農園直販は最強で究極の販売法」あたりを参考に、じっくり慎重に検討してほしい事柄です。

特に栽培品目選びは、農業のスタイルを決定づけるほど重要な項目であり、立地によっても栽培品目は変わってきますから、農地探しと並行して、じっくりと検討を進めてください。

そして、「誰に（WHO）、どうやって（HOW）、何を販売するのか（WHAT）」が見えてきたら、あとは、そのために必要な機械、設備投資額を検討し、売上（販売単価×販売数量）と経費を算出して、**ある程度の投資とリターンをつかんでおくとよい**と思います。

このあたりの数字は、とりあえず現段階では、経営指標の数字を参考に割り出していく程度でもかまいません。経営指標は、インターネット上で公開されているものもありますが、仮になくても、都道府県の農業関係の部署に確認すれば教えてもらえると思います。

ここで「ある程度」とお伝えするのは、営農計画は机上の計算でしかなく、農業は自然条件などの変動要因も多いので、**農業をやったことがない新規就農者が、正確な営農計画を作ろうとしても、それは絶対に無理**だからです。

とはいえ、計画がないことには、進むべき道の方向性すらわからなくなりますから、ある程度は作っておきましょう。

ただ、それだけといえばそれだけで、**計画自体に大した意味はない**ということは、あらためて伝えておきます。融資や補助金をもらおうとするのなら、その目的のための営農計画は必要ですけどね。

5. 農地に関する手続き

農地が見つかり、ある程度の営農計画ができたら、次は、その農地を使うための手続き（許可）が必要になります。各市町村には「農業委員会」という行政の機関があるので、まずは、そこで相談してください。

手続きに必要な条件や書類などを確認し、それらを揃えて、窓口の指示に従って、書類を作成して申請することになります。

先にもお伝えしましたが、許可に必要な条件については、ほとんどの市町村の農業委員会では「農業研修」を挙げていますので、必要に応じて農業研修を修了したあと、申請してください。申請後は面談などもありますが、これも指示に従ってください。

ちなみに神戸市では、研修修了書、地域の自治会（里づくり協議会）などの同意書、誓約書、営農計画書などが必要になります。

●晴れて農業スタート！

晴れて許可等が下りれば、その時点で農業を開始することができるようになります。

これらの法律手続きは、役所もかなり親切に対応してくれるので、指示に従って粛々と進めれば問題ないと思います。

第4章

しっかり稼いで長く続ける兼業ノウハウ

1

農業を軌道に乗せる兼業のヒント

1．兼業か、専業か

農業スクールを運営していると、「**兼業と専業、どちらがいいでしょうか？**」と質問をいただくことがあります。読者の皆さんはもうお気づきと思いますが、私の答えは**兼業一択**です。

「よほど資金に余裕があるか」「農業に自信があるか」ではない限り、新規就農者がいきなり専業で始めるのは危なすぎます。今の時代、1年先も何がどう変わるかなんて誰も予想できません。まして農業は一度始めると、作物を変えるのですら、なかなか難しいものです。場所を変えるなど、ほぼできません。

「うまく栽培できるか、わからない」「販売先を見つけられるか、わからない」「値段がつくかわからない」……もし、このように「わからないづくし」の状態の中で、収入源を農業一本にするのは**「事業」ではなく「博打」**と言えるでしょう。

加えて、農業は自然災害、病害虫など、人間ではどうにもできないようなことも発生します。こんな状態で農業一本で始め、さらに多額の設備投資をするというならば、その方は、よほどの自信家かギャンブラーとしか思えません。

それよりも、とにかく**続けること**です。続けることができれば、土も良くできるし、栽培技術も上げられるし、ファンになってくれる顧客もついてくるはずです。だから、まずは今置かれている自分の環境の中で、農業を続けることができるように考えてみてほしいと思います。

実際、私も最初の数年間は、農業を続けるために農業スクールや行政書士の収入から、農業に回していました。正直、きつかったですし、「なんで、こんなことをしてまで農業をやっているんだろう」と何度も思いましたが、兼業があったから農業を続けることができたし、続けられたから、今があります。

そもそも私は農業が大好きなので、今は行政書士の比重を少なくして、農業の比重を多くするようにしていますが、兼業だと、このように調節もできます。

不思議なもので、無理して農業をしていると、それが作物にも宿って、お客さんにも伝わります。すると、よりいっそう売れなくなる悪循環が始まります。

私は職業柄、スーパーなどの野菜や果物の売り場をよく眺めます。パッキングが雑になっていたり、すぐにバーゲンプライスで販売していたりするのを見ると、「ここ必死やな」と感じます。いくら安くても、逆に「ここの農家のものを買って大丈夫かな」と心配にもなります。

こうしたことはおそらく、一般のお客さんにも伝わっているのではないでしょうか。

●兼業で始めて、まずは軌道に乗せることが大事

「農家」というくくりではなく、「事業家」というくくりで考えると、収入源は1本より2本、3本と増やしておいたほうが事業としては安定します。農業も、やはりなるべく「兼業」で続けたほうがいいと思います。**わざわざ事業を絞る必要はありません。**

「どうしても専業農家になりたい」という方がいたとしても、最初は兼業で始めて、徐々に農業が軌道に乗って、専業がいいと思えば専業に移行すればいいくらいの気の持ちようのほうが、結果的に早く専業農家になれるのではないかなとも思います。

2. 農業と相性が良い兼業

農業は自然相手、生き物相手の仕事です。当たり前ですが、作物を作って、作物を販売

して収入を得る仕事なので、最も大事にすべきは作物です。作物があるから生活できるし、作物に養ってもらっているとも言えます。

極論すると、**農業では、作物こそが最もえらい王様で、人間は作物のお世話係にすぎない**という考えにも行き着きます。

作物は、人間の都合などまったく考えてくれません。人間が眠いから、だるいからといっても、作物は成長を止めないし、平日は仕事があるからといっても、どんどんと実をつけます。収穫しないと腐ります。

一方で、日曜日にマーケットがあるからたくさん収穫したいと思っても、都合よく実はできないし、病気にもなります。病気になったら、平日休日、朝昼晩関係なしにケアをしなければなりません。

農業は、作物により大小はあれど、こんな性格の仕事です。ですから、兼業で仕事を選ぶ場合、**何かあればすぐに駆けつけることができる**ということが条件になります。

そのため残念ながら、**定時の会社勤めを続けながら「業」として農業をするのはなかな**

か難しいのが現実です。もちろん、ちょっとしたお小遣い稼ぎ、趣味程度ならできるかもしれませんが、本書が目標とする農業で年商1000万円を目指すのは無理があります。

つまり、農業と相性が良い兼業は、**ある程度、時間の自由が利く業**というのが大前提になります。

基本的には、自営業（自由業）×農業ということになると思います。例えば、

- **行政書士×農業**
- **文筆業×農業**
- **ウェブ制作×農業**
- **投資家×農業**
- **ネット物販×農業**
- **ミュージシャン×農業**

などです。

ただ、近年は会社員でもテレワークが増えましたから、仕事場所と時間がある程度自由になるのなら、可能かもしれません。もしかしたら、これからは**テレワーク×農業**の可能性は広がるのかもしれません。

会社員ではありませんが、テレワークの例でいうと、私の農業スクールに通う生徒さんで、メルカリなどを使っておもちゃや古着の販売をしている方がいます。パソコン1つ、スマートフォン1つで仕事ができるそうです。まもなく兼業で農業を始めるのですが、農場にいながら仕事ができるので、きっと農業との相性は良いでしょう。

●農閑期に集中して兼業の仕事を行なう方法も

作物によっては、繁忙期と農閑期がはっきりしているものもあって、極端なものでは3〜6カ月くらい、ほとんど何もしなくてよいという作物もあります。例えば、私が栽培している「いちじく」。特に冬場はいちじくの樹が休眠するので、お世話が少なくなります。

次ページ図は、いちじくの標準的な労働時間を表したグラフですが、8月のピークを100%としたとき、11〜4月の6カ月間は20%以下の労働時間になります。

このような作物を選べば、**ピーク時期は目いっぱい仕事して、農閑期は週末だけ**といっ

いちじくの標準的な労働時間

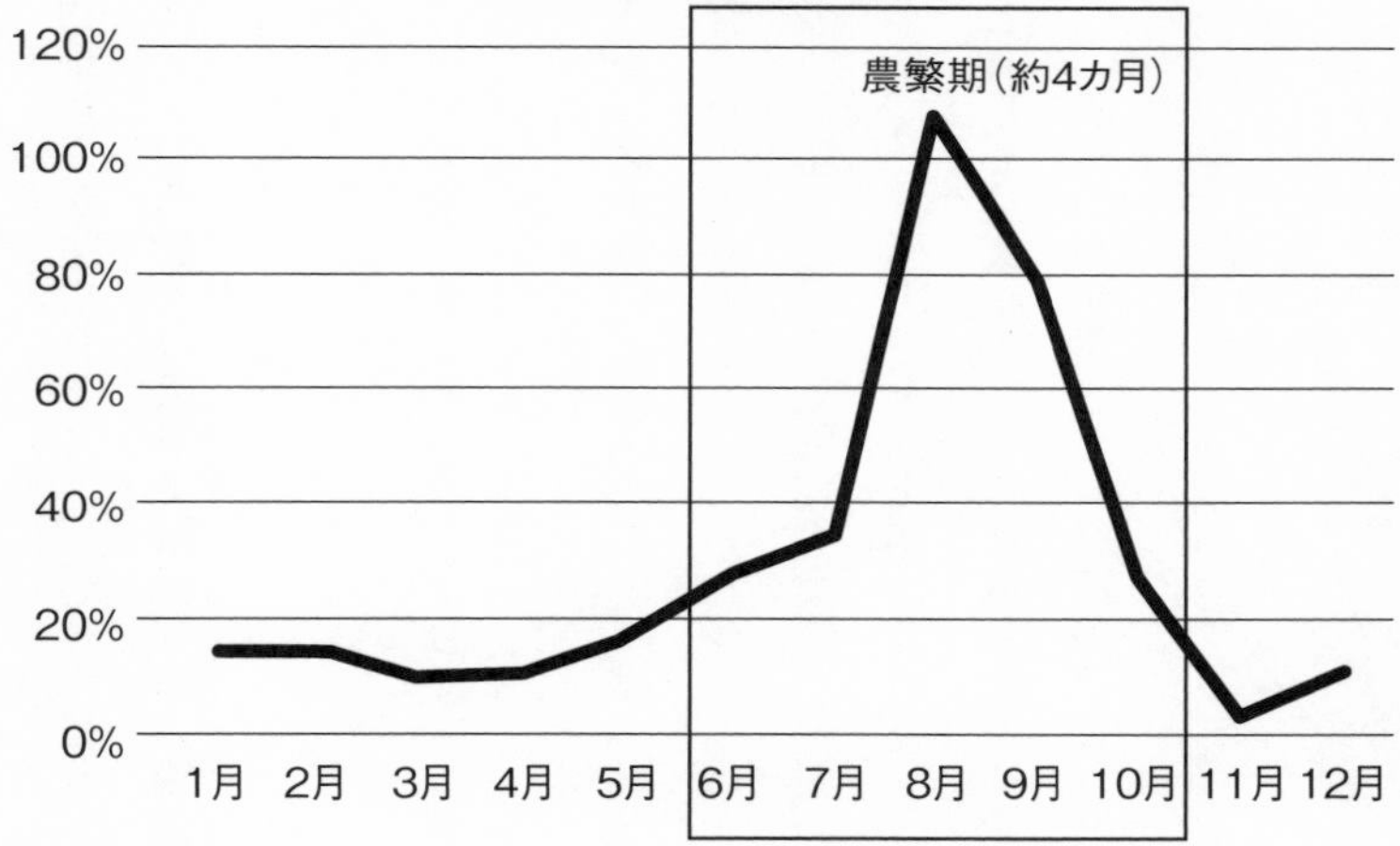

た働き方でも十分に可能です。

私の農業経営では作物の担当を決めていて、私がいちじく、パートナーがいちごを担当しています。

いちじくは、それこそ11〜4月の農閑期は、週末だけで十分に栽培できていますから、この時期の私は、農業スクールの運営の他、行政書士、文筆、新しい仕事のアイデアづくりなどをしています。

●上手な兼業の選び方

その他、兼業を選ぶポイントとしたら、農業とまったく関係のない業種よりも、**お互いの事業で関連があって、後々**

に相乗効果が生まれるような事業のほうがよりよいのかなとは思います。

例えば、**作物を仕入れて販売する八百屋、飲食店、移動販売、農機具の販売、資材の販売**なども考えられます。

農業以外の収入源があれば、心の余裕もだいぶ違うし、当初の私のように農業が悪ければ、他の事業で補うということもできます。


農業スクールの生徒さんの中には、農業とともにパン屋さんを始めた方がいます。自分で育てた小麦や野菜を使ったパンを作っています。自家製の原料で作ったパンですから、他のパン屋さんとの差別化もでき、評判のようです。

また、丹波篠山で黒豆を作って、黒豆プリンにして販売している方もいます。

どちらも農業があってこそ成り立つ兼業です。単にパン屋さん、プリン屋さんというよりは、**農家のパン屋さん、農家のプリン屋さんということがウリ**になり、相乗効果が生まれています。


ところで、話はかなり脱線しますが、冒頭でお話しした「自分が作物のお世話係になる」

という考えはなかなか持てない人が多いようです。今の世の中、なんでも人間都合になっていますから、農業でもその風潮は見てとれます。環境を制御して農業まるごとコントロールしようという発想なども、人間都合といえば、その通りです。

でも、自然を相手にしていると、自然が偉大すぎて、人間が知りえていることなんて微々たるものと思わずにはいられません。自然の環境に比べたら、人間が制御できる環境なんて、ごくごくわずかなことのようにさえ感じます。

自然の偉大さを知らずに「環境制御すれば思い通りになる」と考えるのは大きな過信です。そんな思い違いのまま、設備を揃える新規就農者も何人か見てきました。彼らのほどんどは農業を継続できていません。

環境制御型農業であれ、ともに働く「お世話係（制御機器）」が増えた程度で、やはり、「作物第一」というのは変わりません。

3. 農業と兼業のバランス

兼業農家になるには、農業と兼業とのバランスも考えていかなければなりません。基本的には農業（作物）中心で、作物に何かあればすぐに駆けつけなければなりませんが、だからといって、**常に農場に張りついている必要はありません。**

次ページの表は、私の農業と兼業を合わせたおおまかな年間スケジュールになります。私の担当するいちじくは、前項でもお伝えした通り、11月に収穫が終わると翌年の4月頃までの農閑期はそれほど忙しい作業はなくて、兼業にあてることができています。農閑期の作業は堆肥をつくったり、投入したりが中心で、重機や運搬車での作業が多くて、それほど急いでやらなければならないものでもなく、週末だけでも十分に対応可能です。

いちごは、苗づくりから行なっているので年中作業はありますが、私の農園は500㎡

私の年間スケジュール

		1月	2月	3月	4月	5月	6月	7月	8月	9月	10月	11月	12月
農業	いちご	→	→	→	→	→							収穫→
				苗づくり	苗づくり	苗づくり	苗づくり	苗づくり	苗づくり	苗づくり			
							圃場片付け	太陽熱消毒		施肥・畝たて・苗			
									→	→	→	→	
	いちじく							収穫					
		枝選定	堆肥投入		芽かき		誘引開始						片づけ
		堆肥作り	堆肥作り					→			堆肥作り	堆肥作り	堆肥作り
	トマト						収穫						
兼業	行政書士	農業の合間に業務を行なう（11～12月の農閑期中心）										☆	☆
	文筆	農業の合間に業務を行なう											
	スクール（※）			4月コース開始						10月コース開始			

※授業は月2日×4クラス＝月8日実施

ほどの作付けなので、毎日かかりっきりになることはなく、3～5月の収穫全盛期以外は、比較的、ゆとりを持って作業ができます。トマトは農業スクールで授業の一環として育てています。

小さな規模で高品質、高付加価値型の農業（逆バリ農業）にし、さらに作物ごとに収穫期が重ならないようにすることで、農作業の時間も減らすことができます。その結果、農業も兼業も比較的ゆとりを持って仕事をすることができるようになるのです。

ただ、農繁期は（いちごは3～5月、いちじくは8～9月）、1日中農作業という日もかなりありますので、この期間はアルバイトさんにお手伝いをお願いしています。

繰り返しになりますが、兼業とのバランスを考えたときにも、やはり、**逆バリの小さい農業で稼ぐのがポイント**になります。

2 兼業農家としてスタートした私の場合

1. 農業専門行政書士との兼業

私の場合、農業も行政書士も文筆も農業スクールも、すべて「農業好き」が原点で、「大好きな農業をなくしたくない」「だから、農業を始める人が増えてほしい」という「思い」が根底にあります。もちろん、私自身も生活がありますので、お金を稼がなければなりませんから、「思い」と「そろばん」のバランスは常に考えているつもりです。

農家さんと一緒に農業スクールの運営を開始できたのは、この「思い」が合致しての実現です。スクールの運営をしながら、最前列で自分も農業が学べるというぜいたくな環境を作ることができました。たぶん、どの生徒さんよりも質問したりして、私が一番勉強になっていたと思います。

私自身も研修を修了したとはいえ、まだまだ人に教えるほどの農業現場ノウハウはありません。最初の数年間、農業スクールの運営は知り合いの農家さんと一緒に行なっていました（現在は、すべて私自身が行なっています）。

一方、当時の私の農業はというとひどい状態で、初年度農業売上ゼロ、2年目でも99万円。専業農家なら大変なことですが、私は、これまでの農業専門行政書士の業務を通じて、こうなることは始める前から予測していました。

ですから、私の場合、最初から兼業一択しかありえませんでした。具体的には、**農業専門行政書士 兼 農業スクール 兼 農業と3つの掛け持ち**です。

●農業専門行政書士としての仕事

２００６年に脱サラして、農業専門行政書士を始めたことは前にお話ししました。現在も、行政書士業務は続けています。そして、いわゆる新規就農として農業を開始したのは２０１２年なので、10年以上、兼業農家を続けていることになります。

行政書士の仕事は、「役所に提出する書類の作成や申請代行、権利義務に関する書類の作成」などと法律で決められています。例えば、前者は自動車の名義変更申請、建設業の許可申請、農地法に関する申請など、後者は契約書の作成、遺言書の作成などがあります。この他にも、役所に提出するありとあらゆる書類（確定申告、不動産登記申請等、他の士業で定められている書類は除く）が業務範囲になり、士業の中でも最も業務範囲が広いと言われています。

一般的に、農業分野で行政書士がどんな仕事をするかというと、農地を宅地に変えるとき（農地転用）や、農地を売買や賃貸するとき（農業を始めるとき）など、農業委員会に農地法の許可申請が必要になりますが、この許可申請を代行するのが主になります。

単に申請書を作成して申請するだけの行政書士もいれば、関係者や役所と調整をしたり、営農計画を作成してコンサルティングまで行なう行政書士もいます。

第1章でもお話ししましたが、私は「農地法の申請＋農業参入のためのコンサルティング」を行なっていました。それこそ、農業を始めたいという人（や企業）がいれば、「農地を探して、農地を紹介して、営農計画を立案・作成して、地権者や地域と協議して、農業法人なら法人設立して、農業委員会と協議して、申請して、農業スタート」まで、すべてサポートさせていただいてきました。

農業開始後も、認定農業者の申請や融資申請、補助金申請など、さまざまな農業に関する手続きをカバーしてきました。

でも、営農計画や認定、融資申請など、実際の「営農の数字に関する部分」は、ほとんどが机上の空論。農業は予測不可能な要因ばかりなのに、こんな机上の空論を振りかざし、コンサルティングしていた自分が恥ずかしくなり、今は、農業コンサルティングの仕事は極力控えています。少なくとも、私の農業に共感していただき、私の農業で十分だと思っていただける方にだけ、ご縁があれば、お仕事をさせていただいています。

それで今、どんな業務を行なっているかというと、農閑期の11月、12月を中心に、共感いただける方でご縁があった方に、就農手続きの支援～申請や営農の相談などを行なっています。

その他、日常的には「文筆」も行なっています。これは年間を通して、書籍などの執筆があります。これまで、農業法律関係では、4冊の単行本と1冊の専門書、営農関係では1冊の単行本を出版させていただきました。特に法律関係の専門書は、法律改正ごとに改版があり、毎年、数回執筆があります。

執筆料や印税をいただきながら執筆活動をしているので、一応「業」にはなるのかもしれませんが、何十冊、何百冊と執筆されている方やベストセラー作家からしたら、まだまだ「業」と呼ぶには気が引けますので、ここでは「文筆」ということにしておきます。

●農業との相性が良い行政書士の仕事

行政書士は、農業との相性は良い仕事と感じています。時間が自由になるので、あとでお話しする兼業の要件として、「作物優先」の生活でも、何ら問題ありません。

いちじく園の防鳥ネットの修繕中に農地相続の相談電話がかかってきたことがありましたが、畑の中からでも問題なく対応できました。トラクターに乗っているときに農業法人の相談電話があった際には、もちろんエンジンは止めましたが、すぐに対応できたこともあります。私の姿を見ていた農業スクールの生徒さんは、笑っていましたけど。

「トラクターに乗っているから少し待ってください」「今、いちじくで忙しいから11月まで待ってください」なんていうことも多々あります。それでも、だいたいのお客さんは理解してくださいます。もちろん理解してもらえない方もいるとは思いますが、その場合は、他の行政書士に行くだけで、逆にお客さんになってくださる方とはより親密になれます。私は、それでいいかなとも思っています。

このように、行政書士は何ら問題なく、兼業可能です。税理士、司法書士、弁護士、社会保険労務士などの他士業も自由業ですから、やり方しだいで問題はないと思います。ただ、士業の仕事は資格が必要で、資格取得のための試験に合格する必要があり、時間も労力もかかります。その割には、行政書士の場合でいうと、今後は申請等のＩＴ化が進み、確実に仕事は少なくなります。今、資格を持っていない人には、行政書士の仕事はあまりおすすめしません。おそらく他士業も同じような感じではないでしょうか。

さらに、一部の方からお叱りを受けるかもしれませんが、私の考えとしては、究極的には「**士業の仕事はなくなったほうが、世の中的にはいい**」とも思っています。

例えば、これだけインターネットが発達した中で、農業を始めるのに申請が難しいからといって、高いお金を払って行政書士にお願いするのは、明らかにおかしなことです。本来、誰にでもわかりやすく、簡単にできるように法律や仕組みを作っておけば、それで事は済みます。このあたりの話題は、思うところが多すぎて、話がそれてしまいますので、この辺にしておきます。

●さらに相性の良い「文筆」

私は、行政書士業務の他に、書籍などの「文筆」も行なっています。

「文筆」については、さらに農業との相性が良いと感じます。昔から半農半著という言葉があるくらいです。

私は、ペンで文字を書くのは面倒で、文字もきれいなほうではないので、文章を書くのを嫌っていましたが、パソコンの登場のおかげで、文章を書くのが割と好きになりました。私が社会人になりたての頃はパソコンがなくて、仕事をするにもすべて紙に手書きしてＦＡＸしたり郵送したりしていました。今、思うと地獄でした。

開業前の30代の頃には、すでにパソコンもインターネットも当たり前に普及して、すっかり文章を書くのが好きになっていました。会社勤めをしながら、２年あまり毎日ブログを書き続けたこともありますが、ボチボチ反応があったりすると、自分の世界が広がるようで、楽しかったです。今でも当時のブログきっかけでお付き合いをしている人もいます。

でも、文章を書くのが好きになったとはいえ、私は、ただの平凡な元サラリーマンで、兼業農家で、ちょっと行政書士であって、作家先生でもなんでもありません。苦痛に感じることもありますし、「何を書こうかな？」と悩んで筆が止まることも多々あります。

そんなときは農園に行って、地面にしゃがんで無心で雑草を抜いたりしていると、不思議なもので「あっ！」とひらめくことがたびたびあります。文筆のアイデアだけではなく、事業アイデアまで、さまざまなことが浮かんでくることもあります。不思議なものなのですが、もしかしたら私だけではなくて、このような人は多いのかもしれません。

もし、「文章を書くのがとてつもなく苦」というのでなければ、農業と文筆はいいと思います。

「いやいや、文筆なんてとてもとても……」と思われる方もいるかもしれませんが、今は、誰でもブログなど無料で発信できます。もちろん、架空の物語を創作したり、小説を書いたりとなると私も到底できませんが、自分が体験したことを日記感覚で書くのでしたら、少し慣れれば問題なくできると思います。

農業をしている人は、全国民の数でいうとほんの数%しかいません。今の世の中、戦争や、環境問題など、食や農への関心は高くなっているとも思います。

現に、農業を扱うテレビ番組も多いです。こんなご時世なのでよりいっそう、**農業の現場を知りたいという人は多い**と思います。特に都会に暮らしている人からしたら農業は未知の世界。そのような人に向けて、あなたの視点であなたの日常を発信するだけでも、案外、喜んでもらえると思いますし、チャレンジする価値はあると思います。

とはいえ、書籍を出版して、それで生計を立てられるほどの収入に達することは、なかなかないとは思います。それでも、文章を発表することで農園の宣伝にはなります。ブログで自分の農園のことを発信すれば、それを見た方が共感して、買いに来てくれるかもしれません。さらに、それが書籍になって書店に並べば、多くの人の目に触れます。

現に、私の前著『ゼロからはじめる！ 脱サラ農業の教科書』（同文舘出版）を見て、農園を訪ねてきてくれた方はたくさんいます。いちじくを買いに来てくれる方、農業スクールに入ってくれる方、書籍に書いてある営農計画を真似ていちごで農業を始める方、その他にも、書籍を通じてお付き合いが始まった方がたくさんいます。

こんな具合で、行政書士も文筆も、農業との相性は良いと言えます。さらには、私の場合、農業専門行政書士ですから、他の行政書士に比べたら、この分野では各段にアドバンテージがあります。農業現場の内容を書けますから、文筆にもプラスになります。**双方向で相乗効果がある関係**ができています。

2. 農業スクールとの兼業

私が農業を開始する2年前の２０１０年より、意気投合した農家の方とともに農業スクールを開始したことは、すでにお話ししました。農家が増えれば農業が良くなり、地域が元気になり、日本も元気になると考えて、小さいながらもコツコツと10年以上、地道に取り組んできました。

２０１２年に農業を始めて、それからは農業と兼業で農業スクールを運営しています。当初、１クラスで始まり、少ない年だと5人ほどしか生徒さんがいないときもあり、収入的にも厳しい時期もありました。でも、もともと家族経営のようなもので、さらに農機具や機械、施設は農業と共用できるということもあって、なんとか続けることができました。

今では年間4クラスになり、年々、新規就農に思いを馳せる人が増えてきているのを感じます。かれこれ卒業生は３００人を超えています。

私の農業スクールは、**私自身の経験から「就農前に、こんな内容があったらいいな」というのが出発点**です。私はサラリーマン当時、「仕事を辞めることなく、仕事をしながら週末に農業を学びたい」と思っていたので、まずは「**仕事をしながらでも週末だけで学べる**」というコンセプトのもと、土日開講にしました（今は平日クラスもあります）。週末だけでも知識・経験ゼロから学べるよう、講義と実習、視察を組み合わせています。

また、最近は「半農半X」という言葉もあるくらい、「農業＋○○業」という方も多くなってきて、本当にいろいろなスタイルの農家さんがいます。そのため、視察を増やし、受講生の皆さんには「私の農園の農業だけではなく、できるだけさまざまな農業を見て、自分にあったスタイルを発見してください」と伝えています。

スクールの宣伝っぽくなってしまったので、この辺にしておきます。ご興味のある方は、「ゼロから学べる週末農業塾」ホームページ（http://aschool.info）を覗いてみてください。

●人生の分岐点でお手伝いする仕事

スクールに通う生徒さんは、会社勤めしながら通う方、定年退職後に通う方、学校の先生、公務員、学生、主婦、事業家、投資家など、職業、年齢、性別もバラエティーに富んでいます。でも、「**今よりも、もっと生き生きと自分らしく生活がしたい**」という思いは共通しています。

「自分探し」に来ているような方もたくさんいます。もちろん、最初から「私は農業をやります！」と決めてくる方もいますが、どちらかと言えば少数です。

「農業は自分にできるのかな？」
「農業は楽しいのかな？　厳しいのかな？」
「自分に向いているかな？」
「稼げるのかな？」

などと思いながら、来られる方がほとんどです。それだけ、一般の方からすれば農業は未知の世界なのかもしれません。

農業スクールは、単に農業を伝えるという仕事ではなくて、**生徒さん一人ひとりの人生の分岐点に立ち会えるような仕事**でもあると感じています。その分、責任も感じますが、仲間も増えるし、本当に楽しい仕事です。

ちなみに、授業は1クラス月2日程度ですので、4クラスでも月8日程度です。もちろん授業以外にも準備には時間はかかりますが、農業との兼業も可能です。農業をしながら農業を伝えるのですから、農業との相性が良くないはずはありません。**自分自身の農業知識や経験も仕事に役立ちます**。

ただ、自身の農業で培った知識や経験を正しく伝えるには、よりいっそう深い認識が必要になります。また、それを丁寧に粘り強く伝える能力も求められます。

自分一人でやる分には感覚でやればいいのですが、何十人もの生徒さんの前で「バッサリ切ります」などと言っても、なかなか伝わりません。「バッサリ」の裏にあること、例えばいちじくの剪定作業であれば、「残す芽の一節上にある芽の直下の節に沿って、ノコギリで丁寧に切ります」と実演しながら、言葉で説明しなければなりません。

すると、

「残す芽はどうやって決めるのですか？」

「なぜ一節上なのですか？」

「なぜ節に沿って切るのですか？」

と、次々と疑問や質問が出てきて、これを一つひとつ丁寧に深掘りして説明しなければ、授業になりません。

一人でやっていたら、特に何も疑問にも思わずに、それこそ「バッサリ」切っているはずです。これに答えるには、「剪定作業」ひとつとっても、深い知識や経験が必要になります。

スクールでは、こういうことの繰り返しです。この仕事は自分でも勉強することが必要で、実は教える側が一番勉強になります。これは自身の性格や適性により向き不向きがあると思いますので、向いていると思う方はチャレンジしてみてもいいかもしれません。

ただ、本当にお願いしたいのは、「**やるなら本気でやってください**」ということです。スクールに通う生徒さんは、農業という新たな世界に入ろうと勇気を持って飛び込んできてくれている、未来の農家になるかもしれない方たちです。

農業スクールは、その方の人生の分岐点にも立ち会う仕事です。単に儲かりそうとか、補助金がもらえそうといった動機で始めてほしくないというのが、私の本心です。

第5章

農業の未来のために伝えたいこと

1
年商1000万円のその先に

1. そもそも農業は儲からない産業

農業の「業」としての特徴を、本当におおざっぱですが分析してみると、**投入した労働と収入は対**になっています。

労働しないと収入がありません。例えば、労働を1、そのときの収入を1としたら、基本的には、労働と収入の関係は1対1になります。機械化や自動化により、同じ労働でも生産量を増やすことができるのなら、労働1に対して収入をN倍にできる可能性はありますが、それでも自然のサイクル以上にはなりません。

販売価格のアップにより、多少その分の収入が増え、1対1・2、1対2、もしかしたら1対5くらいまでは考えられるかもしれませんが、限界があります。

そして、1対5、1対10、1対20……と倍々的に増えることは考えにくく、労働と販売価格の限界が収入の限界になります。あくまでも労働ありきであって、**労働以上の収入を増やしにくい**のが農業の「業」としての特徴です。

農業との対比のため、他の産業も見てみます。

農作物の販売業はどうでしょうか。農家や市場から農作物を仕入れて、スーパーや飲食店に販売するとします。運送手段や流通網はできていたと仮定します。この場合、**キャベツを1個仕入れて販売しても、1000個仕入れて販売しても、労力はさほど変わりません**。極端な話、伝票の数字を1個から1000個に書き換えるだけです。

例えば、1個100円のキャベツを1個販売しても、1000個販売しても、労力としたらさほど変わらないことになります（わかりやすく説明するために話を極端にしています。実際は、こんな単純ではありませんね）。この例でいくと、キャベツ1個の販売の労働を1としたら、1対100円が1対10万円になります。流通などを度外視したら、理屈のうえでは、さらに数が増えれば、どこまでも収入を増やせます。

株式などの投資はどうでしょう。今は政府も普及を進めているので、始めている人も多いと思います。パソコンやスマートフォンの画面とにらめっこして、「株に投資」というクリック作業をして、その投資先の価値が上がれば儲かるし、下がれば損をする。クリック1つ、1日単位で結果も出るし、儲けることもできます。

そこに自分の労働はなく、1が2、3にもなるし、100にもなる。可能性としたら無限に拡大可能です。**自分以外の誰かの労働の上に成り立つ株式などの世界は収入に上限がない**とも言えます。

こうしてみると、世の中、**自分で労働しないほうが稼げる**（可能性が高い。もちろん損することもあります）のではないかとさえ思います。

農業に自分の労力をつぎ込む私からしたら、おかしな世の中だなあと常々感じたりもしていますが、これが今の世の中のルールなのかもしれません。

そして、**農業だろうが株式投資であろうが、どんな手段でも稼いでも、お金の価値はまったく同じ**。100円なら100円、1万円なら1万円の価値しかありません。いっぱい汗をかいて農業で稼いだ100円だからといって、ジュースが10本も20本も買えるわけではありません。

もし、皆さんが**お金を稼ぐというだけの目的ならば、はっきり言って農業はやめたほうがいい**です。もっと構造的に稼げる産業、職種を選んだほうがいいでしょう。農業も自然災害などのリスクがありますから、同じリスクならば株式投資もいいかもしれません。

●なぜ、農業をやりたいのか？ ——お金では測れない農業の価値

では、なんで農業をするのでしょうか。

私の場合、お金だけでは測れないものを感じているからです。この話をすると誤解を生む可能性があるので、はじめに断っておくと、私は農業を美化するつもりはまったくありません。「農業をやりたいと思う人が、農業ができるようにしたい」、それだけです。**私も単純に好きだからやっているだけ**で、それ以上でもそれ以下でもありません。

そのうえで、お金で測れないものとは何かというと、私の場合、**このうえない「安心感」**があります。

「毎年、決まった時期に、決まったことを繰り返しすれば、決まった時期に果実が収穫できるという自然や植物への信頼」

「それを買ってもらって、お金になるという確信に近い思い」

「お米や野菜、果物を作っているので、何があってもなんとかなるだろうという感覚」

「毎日、自然に接していると、人間界の出来事が小さく思えてくる感じ」

私の中にこういう思いや感覚が芽生えていて、それが安心感につながっています。もちろん、自然災害などで自分ではどうにもできないことも多々起こります。それでも、肝が据わるというか、「ジタバタしてもしゃーないやろ」という感覚があります。

そして、**ノーストレスで楽しい**。これは、農業が好きなので楽しいと思えるだけで、人によって大きく異なるとは思います。また、私は何より**ゼロから作るのが好きな性分で、農業はそれが存分に発揮できる仕事**でもあります。

いちじく園は何もない田んぼから、排水工事をして畑にし、いちじくの枝から挿し木して苗を育てて、畝を作って、木を植えて、育てて、園のレイアウトも設計して、ネットを張ったり、潅水設備したり……全部、自分で作りました。その結果、実ができて、その実をお客さんが喜んで買ってくださるようになり、お金までいただけています。こんな感動にも近い楽しさは、他にありません。

全部、自分主導で自分の思うようにやっていますので、ストレスもまったくありません。もちろん、台風が来るかなとか、病気は大丈夫かなとかの心配はあります。でも、この手のストレスは自然の行ないなので、どこかあきらめというか、許せてしまいます（ちなみに今は、自然災害で施設に損害が発生したときに対応できる園芸施設共済や、収穫が減り収入が落ちたときに出る収入保険などもあり、金銭面でも比較的安心して取り組めるようになってきています）。

私の場合は、このような感じです。農業に何を感じるかは人それぞれです。もちろん、お金を稼ぎたいというのであれば、本書を参考に実践していただければ、年商1000万円は十分に可能です。でも、それ以上になると、またやり方が変わってきますので、本書のノウハウは使えない可能性が大きいです。

本項での話は、もしかしたら、農業を始めようと考える方にとっては少しネガティブな内容だったかもしれません。それでも、あえてお話ししたのは、**農業で不幸になってほしくない**からです。「自分は何がしたいのかな」と、あらためて考えるきっかけにしていただければと思います。

2. 年商1000万円を突破したら

農業で稼ぐには労働が必要です。しかも、**労働力の限界が収入の限界**になります。販売価格を上げることができても、他の仕事に比べたら限界があります。さらに、本書でこれまでお伝えしてきた「品質＝おいしさ」を追求する農業は、作り手の感性とお客さんの感性が合致して初めて、120%おいしいと思っていただけるものとお話ししてきました。

すると、労働も他人に任せたり、人を雇用したりすると、味が変わってくることになります。ましてや自動化、機械化なんてできません。どこまでも「自分の味」を追求するならば、自分が直接栽培する以外ありません。だから、**「自分の労働力の限界=収入の限界」**という構図になっています。

これが、私の農業のネックでもあり、面白さでもあり、特徴です。

では、年商1000万円以上を目指す場合、どうすればいいでしょうか。

農家専業になれば、2倍くらいまでは可能かもしれません。でも、そんなことをすると、災害などで農業がダメになったときのリスクが増えて危険です。

人を雇用して、栽培面積を増やす。これも量としては増やせますが、間違いなく品質は変わります。

また、人を雇用すると人件費が増え、販売価格も下がる可能性があります。**作りすぎないという考え方**も大事になります。

では、どうするかというと、今の結論としては、「**農業ではこれ以上求めない**」ということに行き着きます。

どうですか？　がっかりしましたか？　でも、**私の農業のやり方は年商1000万円×2〜3倍が限度**です。理由は前述の通り、労働力の限界があるからです。

それでも、もし皆さんが「1000万円を超えて、5000万円、1億円……」とどんどん売上を伸ばしていきたいと考えるのならば、私のやり方はやめたほうがいいです。大きなマーケットで平均か平均点より少し上の作物を大量に生産して、大量に販売したほうが、間違いなく売上は大きくなります。

ですが、この分野の農業は、これからますます資本力勝負になると思います。大手企業、一部上場企業が農業に参入できる時代です。今後、さらに法改正が進んで、外国資本も入りやすくなるだろうことは、今の国の状況を見ていると容易に想像できます。個人が戦うには、あまりにも力が足りません。

3. これからはダブルワーク、トリプルワークで稼ぐ時代

先ほど、農業ではこれ以上を求めないこととお話ししました。もしかしたら、がっかりされた方もいるかもしれませんが、これ以上を求めると、本書で提唱する農業のやり方では難しく、ある程度の規模拡大、大量生産が必要になると思っています。その結果、資本主義の波に飲まれてしまう可能性もあります。

農業でこれ以上を求めようと考えるときには、いったん立ち止まり、「**なぜ、他の仕事ではなく農業をしているのか?**」と皆さん自身の心に問いかけて、その進むべき道が正解なのかどうか、確かめるようにしてください。

今、社会に目を向けると、人口減少、少子高齢化により、お客さんの絶対的な数は、ますます減少していきます。さらには全国に物が行き渡り、物にあふれる時代の中で、これ

までのような大量生産、拡大路線にも限界が見えてきています。

また、新型コロナウイルスの世界的な流行を経験して、リモートワークをはじめ働き方も見直され、暮らし方から生き方まで問われてきています。地方への移住をすすめる政策も出てきました。副業を認める企業も増えてきていると聞きます。

このような社会情勢と人々の意識の変化の中、**1つの事業（仕事）で大きく稼ごうとすると、社会的にも人の心の中にも必ず無理が生じてきます。**

もはや、「会社に就職して給料をもらうのが普通」という働き方、生き方自体も見直す時期にきているのかもしれません。会社勤めの場合、自分の時間のほとんどを会社の仕事に費やすことになります。この点が改善されて、ある程度、時間を自由に使えるようになればいいのですが、日本ではなかなか進まないようです。

すると、自ずと1つの仕事、1つの収入源になってしまいがちです。給料が右肩上がりで、会社が一生分の生活の面倒まで手厚く見てくれているような時代には、それでもよかったのかもしれませんが、今は違います。

自分の生活は、自分の力で、なんとかするしかありません。こんな時代に、1つの仕事、

1つの収入源、しかも自分の人生を会社に委ねるというのは、リスクが大きいと言わざるを得ません。

●兼業の収入があるというのは大きな強みと安心になる

少し話はそれますが、農業は、**そもそもトリプルワークどころではなく、自分で何でもできなければなりません**。作物を育てるだけではなく、育つ環境を整えるための土木工事、水やりができるようにするための潅水設備工事、電気を引くのなら電気工事（資格が必要です）など、あらゆる仕事があります。

もちろん、これらは専門業者に依頼することもできますが、すべて依頼していたのでは、お金がどれだけあっても足りません。また、破損や故障もたびたびあり、メンテナンスも必要ですので、ある程度は自分でできるようにしておかないと対処できなくなります。

さらには、専門業者自体少なくなってきていて、こんな小さな仕事を請け負ってくれるかはわかりません。

話をもとに戻すと、ダブルワーク、トリプルワークで稼ぐ時代になるというのは、**その**

ほうが無理も生じにくく、収入も安定するからです。1つの事業（仕事）で大きく稼がなくても、複数の事業それぞれで、ほどほどに稼ぐことができたなら、そのほうが絶対に収入が安定します。

何かの事業が悪くても、他で補えるというのは、ものすごい強みにもなります。また、無理して稼がなくていい分、社会的にも心の中にも無理が生じず、余裕も生まれます。

農業で年商1000万円達成して、それ以上の収入を得たいと思うならば、**兼業の部分で増やしていく**ようにしてください。そのほうが、絶対に無理は生じません。だから、本書では、農業は専業ではなく兼業をすすめているのです。きっと、これからは兼業、ダブル、トリプルワークがスタンダードになってきます。

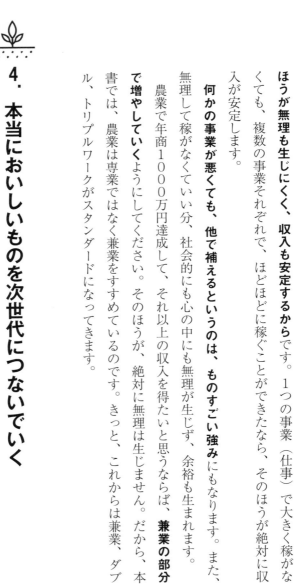

4. 本当においしいものを次世代につないでいく

本当においしい作物を作る農業を追求し、年商1000万円まで到達したならば、一人ひとりが、ぜひ、その農業を残していってほしいと思います。

では、どうやって残していくのかというと、実は、これは私の現在進行形のテーマでもあります。

老舗の味を守ってきている飲食店とかお菓子屋さん、伝統的な技術を守る工芸品のお店、職人の技などは本当にすごいと思います。ドイツやフランスにはマイスター制度というのがあって、伝統的な技術や職を次世代につなぐための仕組みがありますが、日本にはありません。日本では、徒弟制度や丁稚奉公などが近いものでしょうか。

でも、今の時代、弟子をとって技術を教え込んでつないでいくというのは、社会的にも法律的にもなかなか難しいものがあります。では、長男だけに教え込む一子相伝になるのかというと、それも今の時代、個人の人権、自由などとの関係もあり、難しいものです。そもそも少子化という問題もあります。

私は今、51歳です。平均年齢およそ67歳の農業界で見たら、かなりの若手です。それでも年々体力の衰えは感じますし、この先、今のペースでずっと同じように農業はできません。

51歳の私でさえ、このように思うのですから、平均年齢67歳の農業界は、今、急速に衰退していることでしょう。独自の作物、独自の味、120%のおいしさも、きっと、どんどん失われているはずです。

もしかしたら、「高齢化とともに、私の農園のいちご、いちじくは終了します」というのでもよいのかもしれません。でも、子や孫の世代に、オートメーション化された画一的な農業や農作物しかなくなったとしたら、すごく悲しく感じます。

私の農園も、どこかの時点で若い世代のどなたかに引き継いでいただけるのであれば、それも考えないといけないかもしれません。もし、そうなったとしても、ならなかったとしても、栽培方法などのノウハウは、今できるやり方で、できるだけ残していきたいと思っていて、現に取り組み始めてはいます。写真、動画、栽培手順書、観察日誌など、今使える記録手段を駆使して残そうとしています。もちろん、私の栽培方法も完成されたものではなく、現在進行形ですが、それでもそのまま記録しています。

ただ、残念ながら、現在の科学技術には限界があります。視覚や聴覚については、かなり記録に残せるようになってきていますが、触覚、味覚、嗅覚、雰囲気などは記録できません。葉を触った感じ（触覚）、樹木の香り（嗅覚）、果実のおいしさ（味覚）、農場の空気や植物が出す雰囲気までは残せません。

「雰囲気」という第六感的なものはさておき、人間が持つとされる五感でさえも視覚と聴覚の2つしか記録できないのです。しかも、**我々が追求している「味」は記録できません。**これは「120％のおいしさ（味）を追求する農業」を記録するうえでは、致命傷に近い科学の限界です。糖度計で糖度は記録できますが、それは味のほんの一部にすぎません。

実際、栽培をしていると、「植物がなんとなく元気ないから、こうしよう」と対処することが多いのですが、見た目でわかるくらい元気がなくなると、もう遅い場合が多いのです。この「植物がなんとなく元気がない」という状態は、**視覚や聴覚だけで判断できるものでもありません。**

植物や農場が発する匂い（嗅覚）、そのときの果実の味（味覚）、農場の雰囲気を感じ取らなければなりません。実際、植物の調子が悪いときは、農園全体からどぶ臭いような不快な匂いがしたり、農場の空気が淀んでいたりするものです。また、土の良し悪しを判断するときにも香りは重要な基準になります。

このあたりを科学的に測定したり、記録したりできないもどかしさは常に感じます。もし、これらが記録できる技術があれば、すぐに使いたいものです。科学の進歩に期待するしかありません。

でも、科学が進歩して、科学的に再現可能になればなるほど、資本主義の大波に飲まれてしまう問題も生まれるかもしれません。そう考えると、人間の感性ならではの農業は、このままのほうがいいのかもしれませんね。

5. 農業ノウハウを有料で販売する

今はコンテンツが高く売れる時代です。それだけコンテンツは貴重なものなのです。

本書でお話ししている**「120%おいしいと思ってもらえる農作物を作るノウハウ」は、まさに農業の核心となるコンテンツ**です。今の農業界の流れを見ていても、今後どんどん失われていく、このままだと絶滅するかもしれない大変貴重なノウハウです。

そして、そのノウハウは、あなた自身が長い時間と労力、お金をかけて苦労して作り上げたものです。

人がいいあなたは、聞かれたらお金ももらわず懇切丁寧に「いちじくの作り方」を教えるかもしれません。農家によっては、ノウハウを売るという発想もなく、気軽に教えている人も見かけます。

でも、ちょっと待ってください！

そういう行為は、やさしさでもなんでもありません。実は、**自分の農業の価値を下げ、ひいては農家のステータスを下げ、農業全体の発展の妨げになっている**かもしれないということに気がつくべきです。

しかも、無料だと大抵、教わるほうも本気にはなりません。これは、農業スクールをやっていると痛いほどわかります。無料や低価格でスクールを実施すると、遊び半分の人しか集まりません。しっかりと授業料を支払ってでも学ぼうという人のほうが、絶対に本気度は高くなります。

次世代に農業をつなぐという意味においては、ここでお話しする「ノウハウを有料で販売する」というのはとても重要なことで、ぜひ取り組んでほしいと思います。ノウハウは気安く教えるものではなく、むしろ大切に守らないといけないものなのです。

ただ、そのノウハウを売る方法がなかなか難しいので、皆さんと一緒に考えてみたいと思います。

・農業スクールで教えるという方法

これは、農園に来てもらって実地で指導できるので、先にお話しした視覚、聴覚以外の感覚的なところも、お伝えすることが可能です。

もちろん時間的な制約がありますから、完全にとまではなかなかいきませんが、「雰囲気」を含む第六感までお伝えすることもできます。

ただ、距離的な問題、時間的な問題があって、農園まで来ることができない人には、お伝えすることはできないという問題は抱えています。また、兼業のところでお話しした通り、教えるには自分が農業をするのとは別の能力、努力や忍耐が必要になります。

・映像メディアなどで配信する方法

ネットが普及した今、映像を手軽に作成・視聴できる時代ですが、映像だけでは視覚と聴覚でしか伝えることができず、120％のおいしさを作るノウハウとしては、おそらく50％も伝わりませんので不十分です。映像メディアを補う「何か」が必要になるでしょう。

もし、この補う「何か」を発見できたなら、農業で1000万円を稼ぎ、そのノウハウでプラスアルファを稼げるようになる、理想的な兼業農業スタイルもできるかもしれません。

2 新規就農の支援金や新たな制度

1. 新規就農時に用意されている支援金制度など

第1章1節でお伝えしたように、農業従事者の高齢化は深刻で、65歳以上が約7割を占めます。しかも、70～75歳が最も多いという、超高齢化農業界です。さらには、この10年で60万以上も農業経営体が減る一方で、新規参入者は年間４０００人弱と桁違いに少ない状況が続いています。

このような現状を受け、国も新規就農者を増やそうと、さまざまな支援メニューを用意しています。

その中で新規就農の際に活用できる支援制度として、現在、次のものがあり、農林水産省のホームページにも掲載されています。

①経営発展支援事業：就農時49歳以下の認定新規就農者を対象に、機械施設などの導入資金について最大1000万円を補助（負担例：国1／2、県1／4、本人1／4）

②就農準備資金：就農時49歳以下の研修生を対象に、研修期間中に最大年間150万円を最長2年間支給する。

③経営開始資金：就農時49歳以下の認定新規就農者を対象に、最大年間150万円、最長3年間支給する。

このようにさまざまな支援制度があり、少々やりすぎの感もありますが、農業で稼げるようになるには時間もかかりますから、もし、49歳以下の方が就農する場合には、活用を検討してみてください。

1. 経営発展への支援

経営発展支援事業※1
（機械・施設、家畜導入、果樹・茶改植、リース料等が対象）
対象者：認定新規就農者※2（就農時49歳以下）
支援額：補助対象事業費上限1,000万円（2①の交付対象者は上限500万円）
補助率：県支援分の2倍を国が支援（国の補助上限1／2〈例〉国1/2、県1/4、本人1/4）

2. 資金面の支援

①経営開始資金※3
対象者：認定新規就農者※4（就農時49歳以下）
支援額：12.5万円／月（150万円／年）※5×最長3年間
補助率：国10／10

②就農準備資金※3
対象者：研修期間中の研修生（就農時49歳以下）
支援額：12.5万円／月（150万円／年）※5×最長2年間
補助率：国10／10

③雇用就農資金
対象者：49歳以下の就農希望者を新たに雇用する農業法人等、雇用して技術を習得させる機関
支援額：最大60万円／年×最長4年間
補助率：国10／10

3. サポート体制の充実・人材の呼込みへの支援

①サポート体制構築事業※1
・農業団体等の伴走機関が行う研修農場の機械・施設の導入等を支援
・就農相談員：資金・生活面等の相談
・先輩農業者等：技術・販路確保等の指導

②農業教育高度化事業
農業大学校、農業高校等における
・農業機械・設備等の導入
・国際的な人材育成に向けた海外研修
・スマート農業、環境配慮型農業等のカリキュラム強化
・出前授業の実施、リカレント教育の充実 等

③農業人材確保推進事業　インターンシップ、新・農業人フェアの実施 等

※1 取組計画に応じた事業採択方式
※2 新規参入者、親元就農者（親の経営に従事してから5年以内に継承した者）が対象
※3 前年の世帯所得が原則600万円未満の者を対象
※4 新規参入者、親元就農者（親の経営に従事してから5年以内に継承した者）のうち新規作物の導入等リスクのある取組を行なう者が対象
※5 支払方法は、月ごと等、選択制

※農林水産省「経営発展支援事業 概要」をもとに作成
https://www.maff.go.jp/j/new_farmer/n_syunou/attach/pdf/hatten-8.pdf

ただ、**農業を継続していくうえで大切なのは、自らで稼ぐこと**です。補助金がもらえるからと、大きな設備投資をして大きな農業を始めると、大企業との資本力勝負の土俵に乗ってしまうかもしれません。本書を参考に、身の丈に合った設備投資を心がけてください。

なお、この支援制度を活用するには、農業研修を受け、営農計画の作成等をしたあと、申請して各市町村より認定をもらう必要があります（認定新規就農者）。認定を受けるにはさまざまな要件がありますので、詳しくは各市町村の農政窓口で相談してください。

2．兼業農家を生む新たな制度

２０１８年に刊行した著書『ゼロから始める！　脱サラ農業の教科書』の中で、「農家が増えるために必要なこと」として、**兼業農業スタイルで就農できるようになれば、就農者は増える**とお伝えしました。

あわせて、「**農業者仮資格制度**」を創設し、一定の試験や研修をクリアした人に仮免許のように農業者仮資格を与え、仮資格で一定期間農業をしたあとには、本資格での就農が可能になるような仕組みがあればよいとの提言もしました。

その声が届いたのかどうかは定かではありませんが、2021年秋、神戸市で兼業農家を増やすための新しい制度として「**ネクストファーマー制度**」が創設されました。

これは、神戸市が認定した研修機関で一定の研修を受けて修了すれば、1000㎡未満の農地という条件付きで、農地を借りて就農することができ、さらにその後、2年間農業を適切に継続すれば、農地面積の条件なしで就農できるようになるというものです。

2018年に私が提言した内容と比べると、試験創設まではまだできておらず、研修内容についても各研修機関により差があったり、農業について安易なイメージを与えてしまっていたりと諸々の問題はありますが、**農家になるためのルートが誰に対してもわかりやすく明らかになった**という点においては、かなり前進したとも思います。

ちなみに、私の農業スクールも認定研修機関になっています。2023年春に、この研修を終えた第一期生が、卒業を迎えました。本書を執筆している2023年6月の時点で、すでに農地の目途をつけて、就農に向けて着々と準備を進める生徒さんがたくさんいます。

そのうち**ほとんどの方は兼業での就農を考えています**。やはり新規就農で、いきなり専業農家になるのは怖いということです。まずは兼業でやってみて、考えたいということのようです。

●兼業農家が増えることで危惧されること

「農家が増えるほうがいいのか？　減るほうがいいのか？」

「兼業がいいのか？　専業がいいのか？」

いろんな意見があるとは思いますが、私の意見としては、しっかりと農業で稼ぐことができる兼業農家が増えるのはとてもよいことと捉えています。ただ一方で、**趣味の延長のような兼業農家が増えることには危惧を抱いています**。

どういうことかというと、趣味だからといって、いい加減な農作物や相場を無視した安価な農作物が販売されたとしたら、真剣に取り組んでいる農家の経営を邪魔したり、農家全体の評判を下げることにつながるかもしれないからです。

趣味だろうと本気だろうと、売り場に買いに来るお客さんにとっては、どちらもプロの農家で、区別ができません。だから、**趣味でも販売する以上はプロ農家**という意識を持って、農業に向き合ってほしいと願います。農作物を販売するならば、本気で取り組むというのは、周りの農家にも、お客さんに対しても最低限の礼節です。

また、「ネクストファーマー制度」のような制度は、神戸市だけではなく、他の市町村でも始まっているようです。私が農業を始めた頃に比べると、間違いなく就農へのハードルは下がってきています。支援策もたくさんありますので、良し悪しにかかわらず、今後、兼業農家が増えるのは間違いないでしょう。

3 未来の農業へ向けて

1．農業で稼ぐことができれば90%の農業問題は解決する

私は、10年かけて「農業で稼ぐこと」を追求してきました。本書では、私の経験をできるだけリアルにお伝えして、そこから得た稼ぐためのノウハウをご提示してきました。

このように、私は**「農業で稼ぐこと」にこだわっています。**なぜ、こだわっているのかというと、もちろん自分自身のためでもありますが、もっと大きな問題意識もあります。

それは、**「なぜ農家が減るのか？」**という問題意識です。

農業の法律がややこしくて、新規就農が難しく感じるというのは確かにあります。でも、法律は改正を重ね、参入のハードルはかなり低くなり、実際今は、多少の条件はあるにせよ、誰でも農業を始めることはできるようになっています。

耕作放棄農地や空き農地もたくさんあります。特にここ最近、私が農業を行なっている神戸市西区周辺でも、農地が空いてきています。

また、前述のように新規就農者向けの支援策、補助金もたくさんあります。「法律」「農地」「お金」。就農者が増える条件は揃ってきています。

それでも、農家は減る一方です。これはもう、**「農家が稼げていないから」という理由以外に答えようがありません。**

かっこいい農業、やりがいがある農業、スマートな農業、自給率向上に貢献する農業……。このような農業を修飾する美辞麗句は、農業を「業」として考えたとき、**稼がなければならないという農業の本質を見えにくくしてしまいます。**

本書では、正直に、はっきり言ってきました。「農業は厳しい仕事です」「自分の頭と体を目いっぱい使います」「決して楽ではありません」「危険もあります」……。

いくら美辞麗句を並べても、現実とは違います。真夏の暑い中、延々と草刈り機を振り回したり、泥にまみれて溝掃除をしたり、もくもくとしゃがんで草抜きをしたり、雨でも風でも台風でも重い果実を収穫したりして、ようやく収入を得ることができるような仕事です。

だから農家が減るというのも、確かにあるのかもしれません。

でも、どんなに仕事が厳しくても、真っ当に対価が得られるのならば、特に今のように個人の生き方ややりがいが重視される時代において、**こんな魅力的な仕事はない**とも思えます。

会社勤めしている人なら、大抵の仕事は分業されています。仕事の全体が見えない分、きっと、何のための仕事なのか、何のために働いているのかさえ、わからなくなっている人も多いことと思います。

一方、**本書で提唱する「小さい農業」は、すべてが自分の仕事**です。すべて自分の頭で構想して、すべて自分の体で実行して、すべての結果が自分に返ってきます。つまり、ゼロから自分の頭と体をフル稼働して、作物を生み出し、その作物を販売して、お金に換えるという**やりがいしかないとも言える仕事**です。

現に、私の農業スクールに来られる生徒さんの中には「自分でゼロから生み出したい」「手ごたえのある、実感のある仕事がしたい」という理由で、入校される方が多くなってきています。農業は、その期待に十分に応えられる魅力的な仕事と言えるでしょう。

●まっとうに稼げる農家がもっと増える未来のために

農業が魅力的な仕事と言えるのは**「真っ当に対価が得られるならば」という条件**がついてきます。

個人農家の平均所得は115万円程度です。実際、どうやって生活しているかといえば農外収入が大半で、その多くは年金です。農家の平均年齢は67歳ですから、年金世代が大半ですが、年金をもらえない世代はこれでどうやって生活しろというのでしょうか。

つまり、今の農業の最大の問題は、**まっとうに生活を維持できるだけの対価すら得られ**

ていないというところにあるのは明らかです。

もし、農業が稼げる仕事ならば、農家は当たり前に農業を続けるでしょうし、後継者も現れます。新規就農も増えるし、農地も奪い合いになります。農業を始めたいという都会の人々が地方に殺到し、地方が元気になり、地方から日本も活気づきます。農業問題、いや日本の地方過疎化問題も解決できるのではでしょうか。

だから、私は「農業で稼ぐこと」にこだわっていますし、本書を通じて**稼ぐ農家がたくさん誕生することを願っています**。これが農業を取り巻く問題に対する唯一の解決策であり本質だからです。

そして、私が追求する農業で稼ぐというのは、巨大農業法人が独占的に稼ぐとか、巨大農業法人に就職してお給料をもらって稼ぐという意味ではありません。もちろん、このような形態も、農業の企業化、大規模化が進む現状においては生まれてくるかもしれません。でも、農業は自然を相手にする仕事です。人間が自然を管理することなど絶対にできません。だから、そもそも、定時に出社して定時に退社するといった会社勤めのような勤務体系は、不向きと言えます。

それにもかかわらず、会社のような勤務体系にしようとすると、可能な限り自然を管理して、人間の都合に作物（植物）を合わせるか、あるいは、たくさんの人でローテーションして、マニュアルに従って作物を管理するというようなことになるのではないでしょうか。これもひとつの農業のカタチなのかもしれませんが、農業というよりも、むしろ工業（工場）に近くなるようで、少なくとも本書が目指す農業とは違ったものになります。

●おいしさを競い合って共存する豊かな未来の農業

やはり、**農業は自然（nature）とともにあるのが自然（natural）**です。

人が知恵を絞り自然を活用し、人が自然のサイクルに合わせるからこそ、おいしい作物ができます。個人個人が、その土地の自然に合わせて創意工夫しながら栽培し、それぞれがオリジナルの味を追求していくのが本来の農業のカタチではないでしょうか。

私は、**農業の主役は、巨大農業法人ではなく小さな個人農家にあるべき**と思っています。

各地に年商1000万円程度の小さな個人農家がたくさん生まれ、多様な農業スタイルが生まれ、バリエーション豊かな本当においしい農作物があふれる……。

これが、私が理想とする未来の農業のカタチです。

このような小さな個人農家が増え、「俺のいちじくのほうが甘くてうまいよ」「いや、俺のほうは甘さだけでなく旨みもすごいよ」と、農家の間で**「おいしさ」で競い合うことができたなら、それは競争ではなく共存**になります。

なぜなら、味覚は好みの問題だからです。競争に勝つのではなく、オンリーワンの味を作って共存すれば、きっと、もっと豊かで楽しい農業になるはずです。

2. たくさんの未来がある若い方へ ――マッチングされる側になろう

私の農業スクールに来られる生徒さんの多くは、都会で会社勤めをしています。若い方から定年前後の方まで、およそ20代から60代と幅広い年代の方に通っていただいていますが、特に最近では20代、30代の若い方が増えてきています。これはおそらく、コロナ禍などを経て、仕事や生き方に対する価値観が変わり、より生きがいや働きがいを求めるようになってきたからかなと感じています。

若者は、世の中の空気を敏感に感じ取っているのかもしれません。また、前述の通り、仕事の手ごたえや実感を求めているのかもしれません。やはり、若い方が増えると活気が出ていいものです。

ところで、農業スクールをやっていると、生徒さんの「**日常の大工や工作などの現場手作業力の乏しさ**」を感じることがあります。

農業スクールですから、鍬などの農機具の使い方を実習で指導するのは当たり前なのですが、これらの道具の使い方がわからないというのは理解できます。でも、例えばボルト締めの作業では、ボルトは時計回りに回すと締まるのですが、それがそもそもわかっていない方もいます。締めているつもりがゆるめているというようなことも、たびたび起こります。

「ちょうちょ結びで紐を結んでください」と言っても、その結び方がわからなかったり、結びがゆるかったりといったこともしょっちゅうあります。

こういった事柄を見ていますと、いかに普段、現場の仕事（作業）をしていないのかということがよくわかります。

最近はパソコン上で仕事をすることも多いですから、たとえ会社が製造業であったとしても、現場で工具を持って製造する機会も少ないのかもしれません。自宅で何か物が壊れたとしても、すぐに業者を呼んだり、新しいものを買ったりして、自分で工具を持って修理するということもほとんどないのかもしれません。

こういうことは、今の社会ではある程度、仕方ないのかもしれませんが、製造や修理の現場で働く人がいなくなれば、何もできなくなります。また昨今、運送業の人手不足が問題になり、もしかしたら今までのように配達ができなくなるかもしれないとも言われています。

これは、農業（農作物）も同様です。

今までのように「お金があれば、何でも買える」というのは、現場で働く人がいてこそのことで、決して当たり前ではないということに気がつくべきではないでしょうか。

●農業で自分自身で何かを生み出すスキルを磨こう

さて。たくさんの未来がある20代、30代の若い方は、これからいくらでも仕事を身につけることができます（70代が中心の農業です。40代以上の方も真摯に取り組めば、まだまだ身につけられるはずです）。

だから、もし少しでも農業に興味があるのならば、ぜひ**「農業そのもの」に一歩踏み出し、農業の現場で仕事をしてほしい**と思っています。

「農業そのもの」というのは、農業周辺のビジネスではなく、自分で体を動かし、汗を流し、作物を育てて販売する「農業そのもの」のことです。

農業をやっていると、「消費者とマッチングします」「農業で働きたい人とマッチングします」などの営業電話やメールがたくさんきます。その他にも、「農家の営業をします」「規格外品を販売します」「体験ツアーをします」など、本当にさまざまな農業周辺ビジネスを耳にします。そして、これらは、都会のＩＴベンチャー系の若者が多いように感じます。

確かに、マッチングも周辺ビジネスも必要な場面はあると思います。でも、農家がいなくなれば、これらのビジネスも成り立たないということは強調しておきます。
現に、農家は急激に少なくなってきています。こうなると、マッチングや周辺ビジネスのスキルを身につけたとしても、仕事はありません。やはり自分自身で何かを生み出すスキルを身につけてほしいものです。

農業はまさに、**自分の頭を使い、自分の体を動かし、自分で何かを生み出していく仕事**です。だから、未来ある若い方は（それ以上の年代の方も）、ぜひ農業のスキルを身につけ、さまざまな人や会社から「紹介してください」と求められるような**マッチングされる側になってほしい**ものです。そうすれば、きっと仕事がなくなることもないでしょうし、自分の自信にもなるし、将来への不安も少なくなるはずです。

おわりに

読者の皆さんには、最後までお付き合いいただき、ありがとうございます。

前著『ゼロから始める！　脱サラ農業の教科書』を出版させていただいたのが２０１８年で、今から5年ほど前になります。

その間、世界は新型コロナウイルスの流行を経験しました。社会を支えるエッセンシャルワーカーの活躍も注目されました。現場の最前線で、まさに体を張って仕事をする姿に感動したのを思い出します。

同時に、給与や休暇が十分ではなく、ワーカーの犠牲のもとに成り立つ社会に憤りも覚えました。農業も、国民の食を支える大切な仕事です。そういう意味で、農家も社会を支えるエッセンシャルワーカーとも言えます。

そして、農家も他のエッセンシャルワーカー同様に、多くの農家が稼げずに苦しんでいます。

一方、国は資産所得倍増計画、新しい資本主義をかかげ、国民に貯蓄から投資への転換を進めています。でも、社会を支えるエッセンシャルワーカーがいなければ社会は成り立たちません。また、現場で働く人がいなければ会社の利益もないし、株式投資も何もありません。

本書でもお話ししましたが、「自分で労働しないほうが稼げる」というおかしな世の中になっています。もし「新しい資本主義」というならば、労働した人が真っ当に稼げるような仕組みを作り上げていただきたいものです。

さて。コロナ渦を経て、人々の意識や働き方、生き方が変わりつつあるのを感じます。今は少し落ち着いて、もとに戻りつつありますが、それでも打ち合わせはリモートで行なうようになるなど、変化はあります。現に、本書の出版社との打ち合わせもリモートで行なっています。

社会はもとに戻ったとしても、人々の意識は間違いなく変わっています。コロナ渦で「昨日の当たり前が今日の当たり前ではない」ということを経験し、より今を大切にするようになりました。その結果、「一生ひとつの会社に勤めて働くという生き方」自体を見直す人が増えているようです。

私の農業スクールも生徒が増え、コロナ禍前は1クラスだったのが、今は4クラスまでになりました。「生き方を見直して、農業を始めてみたい」という方が増えたようにも思えます。

そして、「兼業農家になりたい」という方も多くなりました。神戸市に新たな制度（ネクストファーマー制度）ができたということも影響しているのかもしれませんが、シングルワーク自体に違和感を持つ人が増えたようにも思えます。ダブルワーク、トリプルワークのひとつとして農業を始めてみたいといった意識も感じます。

もしかしたら、コロナ渦という危機を経験した人間の防衛本能かもしれません。やはり今後ますます、ダブルワーク、トリプルワークが広まるのは間違いないと思います。

本書で繰り返しお伝えしてきましたが、農業も間違いなく大規模化、機械化、自動化が進んでいきます。

一方で、機械化、自動化には馴染まない農業もあります。科学では解明できない、科学的には再現できない「感性の農業（逆バリ農業）」です。そして、より豊かな世の中につなげるためには、人間にしかできない、この「感性の農業」を大切にして、次世代につないでいかなければなりません。

私は、農業を美化するつもりはありませんが、感性の農業はある意味、音楽や絵画などの芸術にもつながるものと思っています。本書中で、作り手の感性と食べる人の感性が合致して初めて１２０％のおいしさにつながるという話もしましたが、これはまさに芸術と言えるのではないでしょうか。

好きな人は好きだし、嫌いな人は見向きもしません。そして、この分野では競争が働きません。Ａが好きという人もいればＢが好きという人もいて、好みの問題になります。むしろ共存の世界が広がります。

小さな個人農家は、ぜひ、この「感性の農業」に取り組んでほしいと思います。そこから多様な農家、多様な農作物が生まれ、それぞれが共存する素晴らしい農業の世界が見えてきます。

また、一般の方ならば、ぜひ好みの感性の農家を見つけて、その農家から直接、作物を購入してください。その結果として、生き生きとした農作物が並び、生き生きとした社会につながり、エッセンシャルワーカー（農家）とともに生き生きと暮らせる世の中が作れるはずです。

これこそが、まさに新しい資本主義の息吹になるのではないでしょうか。

それでは、最後までお読みいただき、ありがとうございました。

皆さんと農園でお会いできますことを楽しみにしています。

２０２３年６月

農家 兼 農業塾代表 兼 行政書士　田中康晃

【参考文献】

『地域農業経営指導ハンドブック』（第７輯 平成13年度版、兵庫県農林水産部普及教育課・監修）

著者略歴

田中康晃（たなか　やすあき）

合同会社エースクール
農家、農業塾代表、行政書士
行政書士との兼業で、平成23年より、兵庫県神戸市で「農業塾」を開始。これまで延べ300名以上の就農希望者に農業を始める際に必要となる知識、技能、ノウハウについて指導を行なってきた。そのほとんどが農家出身ではなく、ゼロから学びに来ている人たちばかり。また、著者自身もサラリーマン家庭で生まれ育ち、農家出身でもなく、ゼロから農業を始めて、約10年で年商1000万円を突破。その経験をもとに、農業の始め方、稼げる農業を実現するための方法などについてお伝えしている。
メディア出演多数（NHK神戸「LiveLoveひょうご」、サンテレビ「4時！キャッチ」、読売テレビ「す・またん！」、ABCラジオ「武田和歌子のぴたっと。」、ラジオ関西、神戸新聞、「SAVVY」(雑誌）など)。
著書に、『農業・農地関係モデル文例・書式集』（新日本法規）、『３訂版　新規農業参入の手続と農地所有適格法人の設立・運営』（日本法令）、『ゼロからはじめる！脱サラ農業の教科書』（同文舘出版）など。

■合同会社エースクール　https://aschool.info/
■エースクール農業塾YouTube　https://www.youtube.com/@YasuakiTanakatv

小さい農業でしっかり稼ぐ！
兼業農家の教科書

2023年 6 月 30 日　初版発行
2024年 6 月 7 日　３刷発行

著　者 —— 田中康晃

発行者 —— 中島豊彦

発行所 —— 同文舘出版株式会社

東京都千代田区神田神保町1-41　〒101-0051
電話　営業03（3294）1801　編集03（3294）1802
振替 00100-8-42935
https://www.dobunkan.co.jp/

ISBN978-4-495-54141-5

印刷／製本：三美印刷
Printed in Japan 2023